O PENSAMENTO GEOGRÁFICO BRASILEIRO:

vol. 1: as matrizes clássicas originárias

CÓPIA NÃO AUTORIZADA É CRIME
ABDR
ASSOCIAÇÃO BRASILEIRA DE DIREITOS REPROGRÁFICOS
RESPEITE O DIREITO AUTORAL

Ruy Moreira

O PENSAMENTO GEOGRÁFICO BRASILEIRO:

vol. 1: as matrizes clássicas originárias

Foto de capa
Jaime Pinsky

Montagem de capa
Gustavo S. Vilas Boas

Diagramação
GAPP design

Preparação de textos
Ruth Kluska

Revisão
Daniela Marini Iwamoto

Dados Internacionais de Catalogação na Publicação (CIP)
(Câmara Brasileira do Livro, SP, Brasil)

Moreira, Ruy
O pensamento geográfico brasileiro, vol. 1 : as matrizes clássicas originárias / Ruy Moreira. – 2. ed., 3ª reimpressão. –
São Paulo : Contexto, 2025.

Bibliografia.
ISBN 978-85-7244-398-2

1. Geografia I. Título.

08-02991 CDD-910

Índice para catálogo sistemático:
1. Geografia 910

2025

EDITORA CONTEXTO
Diretor editorial: *Jaime Pinsky*

Rua Dr. José Elias, 520 – Alto da Lapa
05083-030 – São Paulo – SP
PABX: (11) 3832 5838
contato@editoracontexto.com.br
www.editoracontexto.com.br

Os geógrafos do início do século foram,
de certo modo, os poetas de uma economia
triunfante projetada no globo.

Pierre George

A natureza ignora as nossas divisões
formais em ramos de ciência.

Jean Tricart

Mas que coisa é homem,
que há sob o nome:
uma geografia?

Carlos Drummond de Andrade

SUMÁRIO

APRESENTAÇÃO

Este livro dá sequência às reflexões e propostas de *Para onde vai o pensamento geográfico?*. E tem uma história.

Tenho notado nos debates de temas como globalização, meio ambiente, arranjos espaciais determinantes da organização estrutural de nossas sociedades, conflitos de territorialidades, uma curiosidade do público participante com as fontes originárias das teorias que os embasam e a surpresa agradável de saber que essas fontes são os clássicos da Geografia. Curiosidade e surpresa seguidas de um enorme interesse em conhecer as obras em que esses clássicos da Geografia externam suas ideias.

Esse interesse geral em conhecer a literatura geográfica básica vem aumentando o interesse doméstico também dos geógrafos, entre os quais principalmente os professores da rede escolar e universitária e os estudantes de graduação e pós-graduação, estimulados por um diálogo público que está sempre crescendo.

Daí a estrutura deste livro. Seu objetivo é contribuir, para dentro e para fora da Geografia, para o crescimento deste diálogo, oferecendo alternativas que sanem a dificuldade de acesso à bibliografia procurada e dando subsídios à sua leitura crítica. Para isso, escolhi sete dentre os geógrafos que tiveram papel-chave na formação da Geografia brasileira – Elisée Reclus, Paul Vidal de La Blache, Jean Brunhes, Max Sorre, Pierre George, Jean Tricart e Richard Hartshorne – e uma obra para base do estudo, uma para cada clássico, optando pelas obras disponíveis em língua portuguesa e espanhola e representativas do seu pensamento. A influência desses clássicos sobre a formação da Geografia brasileira – chamo-os por isso matrizes clássicas originárias – é o critério da escolha. A intenção é desembocar seu estudo na análise das matrizes geográficas brasileiras.

O livro está dividido em três partes. A primeira parte traça o quadro da formação histórica da Geografia moderna e da Geografia clássica dentro dela, analisa o conceito e o contexto do que aqui se entende por clássicos e a razão de por que assim nomeá-los e oferece um conceito de matriz em Geografia à luz dos comentários críticos do que se chama a tradição de escolas e tradição de geografias setoriais. Para facilitar, pensando num diálogo simultâneo com o leitor dentro do livro, apresento na segunda parte um resumo crítico de cada obra escolhida, tomando por base o que entendo exprimir o núcleo lógico do pensamento nela desenvolvido, às vezes transcrevendo pedaços inteiros do texto original quando é preferível deixar a palavra ao próprio autor.

A terceira parte, por fim, faz o balanço analítico das ideias dos autores, comparando seus conceitos e enfoques, mostrando seus alinhamentos, estabelecendo os entrecruzamentos e correspondências de epistemologias e apresentando o quadro sintético do modelo matricial de cada um.

Pede-se atenção especial para o método de síntese utilizado. A síntese é, no fundo, uma leitura do livro feita a partir do que se entende por seu nexo discursivo (seu núcleo racional). Corre-se, assim, o risco de, na prática, torcer-se o pensamento original do autor, adulterando-se o seu conteúdo real com o fim de adequá-lo a uma interpretação que se quer fazer. É um risco, certamente. Mas talvez haja também a vantagem de poder estimular o leitor a ir ao livro original, lê-lo na sua integralidade, ajudando-o a quebrar a inibição do contato direto com o clássico e, assim, também saborear, como eu, o livro em sua frescura (muito embora já sabendo tratar-se de uma tradução). E, quem sabe, através dele toda a obra do clássico. Não é preciso dizer o quanto isto é necessário na Geografia brasileira, ausente, literalmente, desse hábito.

O leitor é convidado, assim, a conferir ele mesmo a atualidade e influência desses clássicos no pensamento recente, na e para além do âmbito imediato da Geografia. E, então, descobrir que muitos conceitos e teorias atuais já se encontravam neles, a exemplo da teoria da complexidade de Edgar Morin, Henri Atlan, Isabelle Stengers e Ilya Prigogine, já presente em Max Sorre; da construção técnica do espaço de Milton Santos, já presente em Pierre George; do meio técnico e científico, também de Milton Santos, já presente no conceito de gênero e modo de vida de Vidal de La Blache; do movimento do real como instituição da diferença de Jules Deleuze e Jacques Derrida, já presente na teoria da diferenciação de áreas de Alfred Hettner e Richard Hartshorne; da Terra como um produto da interação dos seres vivos com o meio físico no planeta da teoria Gaia de James Lovelock, já presente no conceito de meio geográfico de Jean Tricart; da superfície terrestre como morada do homem dos ambientalistas, já presente em Vidal de La Blache, Jean Brunhes, Max Sorre e Richard Hartshorne; dos conflitos sociais entre os povos de vida comunitária (a exemplo de comunidades indígenas, camponesas e quilombolas) e o modo de vida e produção do capitalismo que hoje domina a teoria social brasileira, já presente em Elisée Reclus.

O leitor em questão é múltiplo. É o estudante universitário, o acadêmico e o professor da escola, em seu afã de ir ao encontro da Geografia – sobretudo se não lhes foi oferecido o contato vivo e direto com a obra dos clássicos – em suas próprias raízes. Mas é também o público em geral, interessado em conhecer a bibliografia e a essência do pensamento geográfico e assim nela encontrar uma chave de teorização dos temas atuais, atraindo-o para o conhecimento direto de sua literatura. À exceção dos livros de Reclus e Sorre, acessíveis somente em espanhol, todos os demais estão disponíveis em língua portuguesa, em edição brasileira ou portuguesa, mas de fácil acesso nas bibliotecas do Brasil. Além de que já se dispõe de um bom número de estudos das obras e dos clássicos, os aqui selecionados e outros, escritos e publicados por colegas brasileiros, indicados na bibliografia ao final do livro. Oxalá este livro estimule também sua multiplicação.

A GEOGRAFIA CLÁSSICA

A Geografia moderna e a Geografia clássica

A Geografia moderna nasce como um projeto da revolução burguesa. E como um fenômeno alemão, em que a revolução burguesa mais se atrasa. Hartshorne informa que, no formato de base com que a conhecemos, nasce das mãos de Kant (Moreira, 2006).

Kant não é um geógrafo de formação, mas um filósofo do Iluminismo. Preocupa-o como filósofo o estado de defasagem em que a Filosofia se encontra em relação ao avanço da ciência no século XVIII. O avanço da ciência dá-se no campo da interpretação da natureza, que está neste momento sendo redefinida, retirada do seu conteúdo e entendimento aristotélico de mundo de nossa percepção sensível, junto ao nascimento da Astronomia copernicana e a da Física galileano-newtoniana. O novo conceito a reduz às dimensões do inorgânico e das relações matemáticas, excluindo tudo mais, surgindo, assim, uma concepção de natureza-sem-o-orgânico-e-sem-o-homem, da qual deriva uma dualidade natureza-homem que, ao lado da dualidade sujeito-objeto de Descartes, incomoda Kant.

Acontece que o século XVIII vai conhecer a Revolução Burguesa e a Revolução Industrial, dois eventos que ocorrem primeiramente na Inglaterra e depois na França – a Revolução Burguesa na Inglaterra no século XVII e na França no século XVIII, e a Revolução Industrial na Inglaterra no século XVIII e na França no século XIX –, com a Alemanha ficando de fora, trazendo o homem para o primeiro plano do cenário.

O acúmulo desse conjunto de acontecimentos é o que incomoda o gênio inquieto de Kant, que a tudo observa da Alemanha.

A busca da combinação de uma sistematização do conhecimento criado pela ciência no plano da natureza e de uma incorporação do homem em seu discurso, e que agora desafia a evolução do pensamento tanto científico quanto filosófico, é o seu projeto. Para Kant é necessário encontrar o ponto comum de pensar a natureza e pensar o homem, seja no plano empírico trilhado pela ciência, seja no abstrato que é característico da Filosofia. E vai buscar os pontos de apoio na Geografia e na História. Na Geografia vai buscar os conhecimentos empíricos concernentes à natureza. E na História (que Kant chama de Antropologia e que mais se aproxima da nossa atual Psicologia Social), os concernentes ao homem.

A Geografia que Kant conhece é um agregado de conhecimentos empíricos de todos os âmbitos, organizados em grupos de classificação, uma taxonomia do mundo físico, no sentido aristotélico do termo, e por isso designada de Geografia Física. Essa taxonomia é traduzida na forma das grandes paisagens da superfície terrestre, recortando-a em pedaços de espaço que fazem dela uma ampla corografia. De modo que são seus atributos a relação de apreensão sensível dos dados do mundo circundante e o olhar corográfico sobre a superfície terrestre, a que Kant, ao longo dos quarenta anos que irá lecioná-la, de 1756 a 1796, acrescenta o enfoque do espaço.

A rigor, Kant não realiza grande transformação na Geografia que toma para si. Apenas confere à percepção geográfica do mundo físico o rigor da descrição e taxonomia que o seu conceito de espaço lhe permite, uma vez que para ele o espaço é um dado *a priori* da percepção, um plano de extensão geométrica preexistente ao olhar humano que já faz o fenômeno vir à percepção humana ordenado nos parâmetros de uma ordem espacial (o mesmo acontecendo com o tempo, mas na ordem da sucessão), cada fenômeno ocupando um lugar e uma distância pré-determinados em suas disposições recíprocas. Assim, a corografia ganha o sentido geométrico da localização e distribuição que a Geografia vai usar para o aperfeiçoamento da representação cartográfica, através da combinação rigorosa da percepção sensível com o registro e precisão matemáticos dos mapas (Santos, 2002).

Será Karl Ritter quem irá realizar essa transformação. Ritter é geógrafo de formação e ao mesmo tempo um acadêmico atento para o seu tempo. Conhece tanto a bagagem intelectual da Geografia que o antecede quanto a nova fundamentação que lhe é emprestada por Kant. E vai assumir a tarefa de dar-lhe o salto de maturidade que falta.

O ponto de referência é a corografia, que Ritter vai transformar no que chama de método comparativo. A visão corográfica parte da noção do recorte paisagístico que materializa a arrumação da superfície terrestre numa ordem de classificação taxonômica ao tempo que propicia ao geógrafo organizar sua descrição. Ritter extrairá daí o princípio do método. Tratava-se de tirar a Geografia do estágio meramente taxonômico e descritivo em que se encontrava para elevá-la à condição de ciência, isto é, um saber orientado na teoria e na explicação metódica.

Ritter tem em mira mostrar um sentido de significação na organização corográfica da superfície terrestre, que ele identifica sob o nome de individualidade regional dos recortes de espaço. O processo consiste em comparar as paisagens duas a duas e daí extrair os traços comuns e os singulares de cada uma, para assim inferir a ordem geral de classificação e a específica de individualidade, produzindo o mapa dos recortes nessa significação. A comparação sucessiva, recorte a recorte, até o limite da superfície terrestre, completa o mapa das individualidades, ao final do qual a corografia converte-se numa corologia, um olhar sobre o mosaico das paisagens da superfície terrestre arrumado na teoria.

Pode-se, assim, falar de uma Geografia de antes e de depois de Ritter, no sentido do corte epistemológico referido por Foucault para as ciências do homem do século XVIII (Foucault, 1985 e 1986), de levá-la a transpor a fase taxonômica e descritiva da representação clássica para a da representação moderna, centrada no conceito e na explicação. Ritter cria, de fato, uma forma e uma fase nova para a Geografia, e designa-a de Geografia Comparada.

Humboldt vai orientar-se nesse novo fundamento de Ritter, para oferecer uma outra forma de matriz. Humboldt também vai partir da ordem de classificação e corografia das paisagens da superfície terrestre, mas para tomar as formas de vegetação, que designa de Geografia das Plantas, para o exercício do método da comparação. Cada paisagem botânica é relacionada para baixo com a base inorgânica e para cima com a interação da vida com o homem, para daí, a partir da comparação dos recortes de paisagens, segundo o método de Ritter, inferir sua visão holística da Terra.

A Geografia de Humboldt exerce um efeito e atração mais forte que a de Ritter sobre seus contemporâneos. Mas logo a seguir vem uma fase de fragmentação que joga no ostracismo tanto Humboldt quanto Ritter, passando-se um período de quase cinquenta anos antes que a Geografia voltasse ao cenário do mundo científico. E, quando retorna, não é, de imediato, pelas mãos dos geógrafos, mas pelas mãos de cientistas de áreas tornadas conexas. Quando então renasce, é Ritter, não Humboldt, que reaparece. Fecha-se, assim, uma primeira fase da Geografia moderna, que poderíamos designar de a Geografia dos fundadores.

O período que começa, no final da segunda metade do século XIX, é o período de uma nova fase. A fase de uma Geografia marcada pelo antagonismo da necessidade de fragmentar-se para estar em dia com a contemporaneidade do pensamento e da necessidade de recuperar a integralidade de visão de mundo que tinha antes. Está nascendo a Geografia clássica.

A ciência que incitara Kant a promover um esforço epistemológico de harmonia do pensamento e contemporaneidade da ciência ao mesmo tempo com a Filosofia cambiante e a realidade social dos acontecimentos realiza-se e impõe-se sob a face ambígua de um projeto em crise e triunfante. Em crise frente ao impasse com que enfrentava a própria continuidade do conhecimento científico, a exemplo da contestação da termodinâmica de Clausius à concepção de mundo inquestionável e hegemônica da Física de Newton, termodinâmica e dinâmica questionando-se reciprocamente ao redor da oposição fogo *versus* gravidade como verdade da natureza. Dilema que cresce quando a teoria da evolução natural do homem põe em questão o conceito de natureza-sem-o-orgânico-e-sem-o-homem, obrigando a ciência a ter de revê-lo inteiramente. A teoria da segunda lei da termodinâmica, de Clausius, é de 1850, e a teoria da evolução natural do homem, de Darwin, é de 1859, mesmo ano da morte de Humboldt e Ritter. E triunfante porque consolidada pelo padrão técnico estabelecido com base nela pela primeira Revolução Industrial, ocorrida no século XVIII, e revalidada e amplificada na forma da escala de concentração tecnológica desse mesmo padrão pela segunda Revolução Industrial, implantada nos fins do século XIX. E nessa condição simultânea de crise e triunfo se instala como paradigma e materialidade das sociedades do século XX.

O fulcro condutor da face triunfante é a divisão técnica do trabalho trazida pela segunda Revolução Industrial, que fragmenta o trabalho, o pensamento e a sociabilidade exaustivamente, a começar pela fragmentação do conhecimento numa diversidade infinita de formas de ciências.

O sistema positivista é a expressão maior dessa sociedade técnica. E a forma que impõe de organização do pensamento. Face espiritual da divisão industrial do trabalho que está se estabelecendo na base da organização da sociedade moderna, o positivismo referenda a visão física e matemática de natureza do projeto científico renascentista, separa o inorgânico, o orgânico e o humano em esferas dissociadas e proclama o paradigma do inorgânico da Física como base, orientando as demais ciências nessa padronagem. A Física é alçada como fonte de referência, seguida da Química, da Biologia e da Sociologia (então chamada de Física Social), todas moldadas no padrão da primeira, cujas fronteiras as demais ciências são convidadas a se modelizar.

A Geografia vai estar entre as últimas a fazê-lo. Vai ter que se esperar que o sistema de ciências ganhe uma elencagem mais definida no plano das três esferas, a exemplo do surgimento da Geologia, da Meteorologia, da Psicologia e da Economia, para que então forme no âmbito doméstico sua própria árvore de organização sistêmica. A modelização geral do sistema acontece primeiro na esfera do inorgânico, em face da referência matemática. Nesse campo também acontece primeiro a modelização interna da Geografia. A esfera do humano é um processo tardio. É necessário esperar o nascimento dos modelos matemáticos ou algo equivalente que dê conta dos fenômenos ligados ao homem. E só então também tardiamente a Geografia vai se modelizar nesse terreno.

Surge a Geografia clássica assim como um modo de ser e fazer de ciência que reproduz em suas fronteiras inteiramente a plêiade de problemas que o pensamento moderno acumula.

O problema maior é que a modelização matemática não dará certo. Não se implanta na esfera do humano (à exceção da Psicologia e da Economia). E não se firma sem dificuldade na própria esfera do inorgânico. E com isso a face da crise vai se projetando sobre a face obsedante do triunfo.

O projeto de Kant vai, assim, aqui e ali, se repetindo nos filósofos subsequentes. Sem, todavia, maiores efeitos. E não por acaso a tentativa de uma equação no campo da ciência vem primeiro com os neokantianos. A todos inquieta a tendência de irredutibilidade do modelo matemático no próprio âmbito do discurso da natureza e desde o começo acerbamente declarada no do discurso do homem. E a impossibilidade de encontrar-se uma alternativa fora dele. Há, por um lado, uma ciência rigorosa cujo parâmetro aos poucos não mais se sustenta (por conta da segunda lei da termodinâmica, a Física já fora obrigada a refugiar-se na estatística da probabilidade, virando uma ciência probabilística), e, por outro, uma ciência do homem que não encontra o rigor que é da propriedade de uma ciência. De um lado e do outro, cada esfera a seu jeito, registra-se a falência do modelo de ciência da representação moderna. E esse é o problema que os neokantianos e outros enfrentam. Teme-se que sem o parâmetro matemático uma ciência rigorosa por fim não se sustente. E deseja-se que a ciência do homem dentro ou fora dela também encontre o parâmetro do rigor que não a violente. A solução vem, por fim, na forma de um duplo tipo de legalidade: a matemática para a esfera de tratamento científico da natureza e a institucional para a esfera do tratamento científico do homem. Nascem as Ciências Naturais e as Ciências Humanas.

Estamos na virada dos séculos XIX-XX. Nascem, assim, a Geografia Física e a Geografia Humana, os campos de agregados da Geografia.

O elenco da Geografia Física vai concentrar-se na Geomorfologia e na Climatologia, a que se acrescenta a Biogeografia mais à frente (Gregory, 1992). O modelo é a Física newtoniana. Tanto os fenômenos geomorfológicos quanto os climáticos são explicados pela lei da gravidade. A Geomorfologia nasce na fronteira com a Geologia e seu discurso vai ser um mix de Física clássica e Geologia, modelizado na relação matemática. Tenta, com o tempo, fugir do problema da excessiva identificação com esta, vindo a ser definida como o estudo das formas do relevo terrestre, as formas e a escala de tempo (o *timing*), distinguindo-se da Geologia. A climatologia vai surgir na fronteira com a Meteorologia e seu discurso praticamente se confunde com o discurso e os modelos matemáticos desta, com a ressalva de dar maior atenção às formas do projetamento dos fenômenos meteorológicos na superfície terrestre, cuidando do clima e do seu mapeamento. A Biogeografia surge na fronteira com a Biologia, uma ciência que mostra já no século XIX a dificuldade de sustentação da relação matemática como fundamento e conteúdo da natureza, sobretudo com o advento da teoria da evolução natural do homem, de Darwin. Talvez por isso a Biogeografia vá se tornar uma ciência da descrição e mapeamento das formas de vegetação na superfície terrestre, buscando na interação, de um lado, com os climas e, de outro lado, com os solos a sua base de sustentação discursiva. Caem, assim, estas geografias físicas setoriais no parâmetro de representação clássica que Ritter e Humboldt haviam pouco antes ultrapassado, consolidando-se como formas de taxonomia e descrição das paisagens, a Geomorfologia se ocupando da paisagem do relevo e a Climatologia e a Biogeografia, da paisagem das formações vegetais, a primeira pedindo de empréstimo à segunda o seu objeto. Quando extrapolam do plano da percepção sensível pura e simples, é o mapa o plano da extrapolação, o mapa materializando-se numa modelagem matemática transfigurada em cartografia a certeza sensível. O melhor exemplo é a Climatologia, a única das três cujo objeto não se alcança visualmente, tendo-o que fazer por intermédio das formas de paisagem da vegetação (por isso chamadas climato-botânicas), o mapa dando a forma visível à relação meteorológica invisível.

O elenco da Geografia Humana, por sua vez, vai concentrar-se na Geografia Agrária, na Geografia Urbana e na Geografia Econômica, mais tarde surgindo a Geografia da População, a Geografia da Indústria e a Geografia do Consumo, estas duas como desdobramento da Geografia Econômica (Johnston, 1986). A Geografia Humana surge na fronteira com a Sociologia e a Antropologia, duas formas de ciência que vão ter de encontrar nas regras e normas institucionais da sociedade o padrão de modelagem que equivalham ao que a relação matemática é nas ciências naturais do inorgânico. Do mesmo modo como aconteceu com as geografias físicas setoriais, vai caber às geografias humanas setoriais a tarefa da descrição e mapeamento das formas. Quando desejam explicá-las, fazem-no nos parâmetros da Sociologia, da Antropologia ou da Economia, como as geografias físicas setoriais o fazem com a Física gravitacional de Newton. Cabe, assim, à Geografia Agrária a descrição do mapa das formas das relações agrárias, confundidas por longo tempo com o mundo rural pretérito, das paisagens agrícolas e dos regimes alimentares, como vemos nos livros de Vidal de La Blache e Sorre. À Geografia Urbana vão caber as formas da paisagem urbana, que aos poucos evoluem em seu enfoque para um mix de Sociologia, Economia e Politologia com o estudo das relações hierárquicas das cidades em suas relações de mercado, surgindo os ensaios de modelização matemática com o emprego do arsenal metodológico da Economia. A Geografia Econômica vai ter entre as geografias humanas setoriais uma situação similar à da Climatologia entre as geografias físicas setoriais. Seu objeto só é de uma natureza de captação sensível imediata nas relações da Geografia Agrária e da Geografia da Indústria, tendo de tomar do mapa dessas duas ou abstrato das relações da economia para lograr ser visto. O que só é possível porque sua fronteira, o próprio nome o diz, é com a Economia, uma das ciências humanas mais formalizáveis, junto com a Psicologia, no padrão da modelização matemática, daí tirando os elementos (as leis da economia) que oferecerá de empréstimo às demais geografias humanas setoriais (o melhor exemplo são os modelos locacionais), numa espécie de setor-ponte.

Esta dualidade física-humana que se desloca da teoria neokantiana para o plano interno da Geografia traz, entretanto, uma solução capenga para o problema da modelização. O modelito matemático da Física clássica parece se encaixar sob medida nas ações das geografias físicas setoriais, mas o modelito institucional da Sociologia-Antropologia não encontra um mesmo sucesso de aplicação nas geografias humanas setoriais. Daí a sensação de que a Geografia Física é uma parte da Geografia mais bem resolvida que a Geografia Humana.

Três formalizações vão, todavia, se estabelecer como formato de discurso na Geografia clássica enquanto modalidade de ciência moderna: l) a consolidação e ampliação das formas setoriais; 2) a reunião formal das geografias setoriais nas chancelas da Geografia Física, reunindo os setores de estudo da natureza, e da Geografia Humana, reunindo os setores de estudo do homem, no sentido neokantiano do homem social-cultural (o "homem empírico" de Foucault); e 3) o surgimento das alternativas unitárias, com o aparecimento da Geografia Regional e a Geografia da Civilização.

No âmbito fragmentário, a Geografia vai conhecer as certezas e percalços da vertente positivista triunfante. Primeiro, fragmenta-se aos extremos, até perder o último dos atributos com que antes se instituíra como forma de representação moderna. Depois, reaglutina-se, nos parâmetros da reaglutinação neokantiana. Mas as tentativas apenas lhe trazem para dentro os dilemas do pensamento que copia. Aparentemente, por um lado, temos uma Geografia Física bem-sucedida pela proximidade com as ciências modelares. Tornou-se, porém, refém da verdade newtoniana, não acompanhando as próprias crises e mudanças que a Física, que tem por espelho a busca como saída para si. E se defasa do próprio espelho. E, por outro lado, temos uma Geografia Humana que não se encontra. E também ela reproduz as rejeições e agruras da ciência do homem que mal se encontra. Os atributos de origem não caracterizam mais essa Geografia esfacelada. Nem a cativa a busca de cosmologia que mobilizara Humboldt e Ritter em seu ato seminal.

No âmbito da reaglutinação, vai conhecer o fracasso da tentativa neokantiana. Geografia Física e Geografia Humana se revelam simples nomenclaturas que não oferecem seja uma referência de teoria e de método – muito embora o neokantismo o tenha oferecido para o plano geral das ciências, reafirmando o modelo matemático para as Ciências Naturais e introduzindo o modelo das regras e normas culturais para as Ciências Humanas –, seja uma direção epistemológica; incapazes que se mostraram de reverter a avassaladora avalanche de fracionamento do discurso geográfico que continua ainda hoje. Quando muito, servem para chancelar a pletora de dicotomias que o modelo matemático vai gerando e multiplicando desde o século XVII com Descartes.

E no âmbito unitário vai, por fim, conhecer o formato com que o discurso da Geografia clássica mais vai se tornar conhecida, o da Geografia Regional, e o formato com que também se difunde e produz seus melhores frutos, o da Geografia da relação homem-meio, aqui designada de Geografia da Civilização. A Geografia Regional se forma, e afirma a Geografia clássica, no discurso da região como unidade do físico e do humano. É praticamente uma criação de Paul Vidal de La Blache, e dos geógrafos franceses que vêm na esteira de suas ideias, retoma o conceito da individualidade da região de Ritter, substituindo-o pelo discurso da identidade do recorte único e singular que suprime a certeza sensível e o caráter de corografia da superfície terrestre que eram características da Geografia pré e ritteriana. A Geografia da Civilização, por seu turno, se firma no discurso da relação do homem com o meio no globo. E tem sua autoria numa pluralidade universal de pensadores que inclui de Ratzel, na Alemanha, e Reclus e Vidal de La Blache, na França, a Marsh e Sauer, nos Estados Unidos. É de onde vêm as grandes matrizes.

As linhas de força da Geografia clássica

O período que se estende dos meados do século XIX aos meados do século XX talvez seja um dos mais ricos e contraditórios no campo do pensamento e do empírico-real na história. Transformações e permanências coexistem lado a lado em conflitos, como se a história fosse uma senhora conservadora que necessitasse mudar o mundo e mantê-lo em seu estado ao mesmo tempo.

O espírito arguto, no entanto, percebe, nas entrelinhas da coexistência, como as grandes mudanças movem-se e acumulam-se para operar o advento do novo. No campo da ciência, uma sequência de questionamentos e reavaliações da Física de Newton põe fim a uma representação da natureza que dominava desde o século XVII. A divulgação em 1850, por Clausius, da descoberta da segunda lei da termodinâmica (junto com descoberta, em 1865, da lei da entropia) contrapõe gravidade e calor (dinâmica e termodinâmica) como modelo de organização e ordem da natureza. A descoberta em 1905 da relatividade especial e em 1915 da relatividade geral, por Einstein, acentua a crise da verdade newtoniana. E o anúncio da incerteza quântica em 1927, por Heisenberg, dá a palavra final. Toda uma enorme revolução está se dando no pensamento científico, obrigando a reverem-se as fronteiras que separavam Física e Química, logo a seguir com a Biologia, os conceitos de matéria e energia, a concepção de espaço e tempo e a introduzir-se na visão de mundo a ideia do mundo como um estado a um só tempo de ordem e desordem, em seu modo de ser, de organização e de movimentos (Prigogine e Stengers, 1984). No campo da técnica não demora muito para que tudo isso dê na engenharia genética, na microeletrônica, na informática, decretando o fim da segunda era técnica e o início da terceira, assentada na biorrevolução (Rifkin, 1999). No campo da arte, contemporaneamente à descoberta da segunda lei da termodinâmica, mas expressando a mudança nas percepções em decorrência das descobertas no terreno da ótica, dá-se a explosão do impressionismo, logo seguida de uma multiplicidade de tendências que jogam as representações de mundo no mesmo universo de ideias de descontinuidade, subjetividade e incerteza que está emergindo no campo das ciências (Harvey, 1992). No campo das ciências do homem, a longa lista de tensões e conflitos que se referenciam na ideologia do direito de os povos decidirem sobre a forma e o destino da sociedade em que vivem, seja pelo autogoverno, seja pelo governo representativo, numa reiteração seja da utopia socialista, seja da utopia liberal oitocentista, introduz também aí os princípios que estão descolando o pensamento científico, técnico e artístico de um esquema de representação de mundo de estrutura permanente e intangível (apenas preditivo e previsível) por outro fluido e contraditório (Touraine, 1994 e 2006). Generaliza-se, assim, por todos os campos os elementos de um paradigma (que os pós-modernos vão confundir com o fim da modernidade) sem as fronteiras das três culturas – a Ciência, as Humanidades e a Filosofia – que até então dividiam em mundos estanques as representações da modernidade (Snow, 1995).

É este período que vai conhecer a riqueza de teorias que neste livro estamos chamando de Geográfica clássica, identificada no pensamento brasileiro sobretudo com a Geografia dos pensadores franceses e norte-americanos.

Chamamos de clássicos os consolidadores da Geografia moderna. São os geógrafos que vêm, portanto, na sequência da geração criadora, Alexander von Humboldt (1769-1859) e Karl Ritter (1779-1859), e dos que antes destes lançaram os fundamentos e sistematizaram a Geografia como um discurso organizado, G. Foster e I. Kant (1724-1804) particularmente (Moreira, 2006).

São alguns deles que este livro reúne, não incluindo muitos outros por conta do critério do vínculo matricial com a origem da Geografia brasileira. Pode-se citar Ratzel (1844-1904) e Carl Sauer (1889-1975), à guisa de exemplo, e ambos muito próximos da nossa genealogia, para chamar a atenção do leitor para o grande naipe de geógrafos listável nesse conceito e que deixamos de incorporar à nossa análise em razão do critério citado. Para os clássicos mais originários, Humboldt e Ritter, bem como o quadro alemão de referência, sugere-se a leitura de *A gênese da geografia moderna*, tese doutoral de Antonio Carlos Robert Moraes (Moraes, 1989), depois publicada em livro, e para o quadro mais amplo dos clássicos no conceito que aqui estamos empregando sugere-se a *Geografia política e geopolítica*, de Wanderley Messias da Costa (Costa, 1992), também tese doutoral que virou livro, ambos excelentes estudos da moderna produção geográfica. Para um quadro histórico, a sugestão é *Histoire de la pensée géographique en France* (1872-1969), de André Meynier (Meynier, 1969), *Evolución de la geografia humana*, de Paul Claval (Claval, 1974), referência de quase todos os textos de história do pensamento geográfico escritos e editados no Brasil, e *Sociedad y médio en la tradición geográfica francesa*, de

Anne Buttimer (Buttimer, 1980), dos quais foram tirados vários dos dados usados na análise que se segue.

O leitor encontra uma lista mais completa na bibliografia posta ao final do livro. E sugere-se que tenha à mão para consulta o quadro sinótico posto ao final do volume 7, A Filosofia das Ciências Sociais, de *História da filosofia: ideias, doutrinas*, de François Chatelet, em que se publica o famoso texto "A geografia", de Yves Lacoste (Lacoste, 1974), e o leitor tem em forma cronometrada a marcha da produção dos livros de referência da Psicologia, da Psicanálise, da Sociologia, da Etnologia, da História, da Geografia e da Linguística, de 1860 a 1970, o capítulo da Geografia escrito por Lacoste. Sugere-se, por fim, ter em mãos um bom dicionário de Geografia.

Assumimos neste livro que a matriz francesa é, no geral, a nossa matriz originária. Os primeiros geógrafos acadêmicos que aqui estiveram para fundar os cursos universitários em São Paulo (USP) e Rio de Janeiro (UDF), e assim formar e dar origem à nossa primeira geração universitária (Sampaio, 2000), entre os quais cite-se Pierre Monbeig, Pierre Deffontaines e Francis Ruellan, que são de extração francesa, e trazem para a nossa formação a Geografia de Vidal de La Blache, Brunhes e alguma coisa de Reclus, a que o tempo acrescenta Sorre, George e Tricart, além do norte-americano Hartshorne.

Hartshorne está relacionado à formação da Geografia do Instituto Brasileiro de Geografia e Estatística (IBGE), uma escola de Geografia no Brasil, tanto quanto os cursos universitários, ao lado de geógrafos como Preston James e Leo Waibel, e só depois da década de 1970, e por conta dos seus críticos da Geografia Quantitativa, penetra no meio universitário.

Creio podermos reunir Reclus, Vidal de La Blache e Brunhes num primeiro grupo, Sorre num segundo grupo, Hartshorne se contextualizando na contemporaneidade de Sorre, mas definindo-se num perfil cruzado, diferente, e George e Tricart num terceiro. Isso porque há nítidas linhas de prosseguimento no trabalho de um no dos outros, a exemplo da preocupação teórica, da análise comum das taxonomias das paisagens, da importância seminal conferida à técnica. Mas, não nos enganemos, distinguem-se pela singularidade das ideias com base nas quais cada um se evidencia como criador de uma matriz distinta de discurso geográfico. Nos temas comuns formam um mesmo campo de pensamento geográfico. Mas no modo como o estruturam formam um modo de pensar diferenciado e próprio de saber geográfico. São, podemos dizer, três distintas gerações, no sentido gassetiano do termo (Kujawski, 1988), contemporâneos de uma mesma episteme (não do mesmo tempo físico), que refletem em seus modos de pensamento as ideias de seu tempo.

Reclus, Vidal de La Blache e Brunhes

Reclus, Vidal de La Blache e Brunhes têm em comum o mesmo momento histórico. Reclus nasce em 1830, Vidal de La Blache em 1845 e Brunhes em 1869, e morrem, respectivamente, em 1905, 1918 e 1940. E como diferença o que e como cada um vê o seu tempo por intermédio das categorias do olhar geográfico. Reclus e Vidal de La Blache vivem um mesmo tempo. De modo que põem em seus livros os mesmos temas, comuns porque temas de época, mas o texto de Reclus antecipa a Geografia de tom social e político que veremos surgir na Geografia mundial e brasileira nos anos 1970, responsável inclusive pelo seu atual ressuscitamento, ao passo que o texto de Vidal de La Blache exprime o tom de aparência neutra que no geral veremos instituir-se como o modelo intelectual típico da academia, que justamente surge quando Vidal de La Blache emerge no cenário como geógrafo e professor universitário de Geografia, no que difere os dois. Isso decorre da distinta trajetória pessoal e intelectual que cada qual percorre.

Elisée Reclus (1830-1905) é um geógrafo da práxis (Meynier, 1969; Claval, 1974; Buttimer, 1980; Mendoza, 1982; Giblin, 1986; Andrade, 1985 e 1987; e Sodré, 1976). Nascido em um ambiente protestante e preparado pela família para ocupar a função de pastor, torna-se republicano radical numa França monarquista e conservadora, logo a seguir aderindo às ideias do anarquismo. O golpe de Estado de Luís Bonaparte em 1850 que se segue às rebeliões populares que se alastram pelas principais cidades europeias em 1848, contra o qual Reclus se posiciona frontalmente, ocasiona a primeira de uma série de exílios que irão decidir sobre o rumo da sua trajetória pessoal de pensador do anarquismo e de geógrafo. O seu envolvimento com a Comuna de Paris de 1871, o levante com o qual a população parisiense reage à invasão do exército alemão ao solo francês e o abandono covarde da cidade pela elite dirigente, que deixa a capital à mercê das tropas inimigas e que leva o povo a tomar o governo da cidade e a instaurar por 72 dias um governo popular que haverá de inspirar todas as demais experiências de levantes e governos revolucionários que se sucedem desde então, em particular a revolução russa de 1917, leva-o ao período de exílio mais longo e de efeitos determinantes mais efetivos.

A condição de exilado força Reclus a buscar uma forma de sobrevivência num país e ambiente que não são seus e vinculam-no definitivamente aos textos de Geografia, a começar pelos famosos guias de excursão que elabora para orientação de turistas, cujo estilo e qualidade chamam a atenção dos editores da Hachete, uma das maiores e mais importantes editoras da época, e um convite de redação de obras de grande fôlego de Geografia, assim nascendo seus principais e grandes livros.

Três particularmente se sobressaem:

A Terra: descrição dos fenômenos da vida do globo (La Terre: description des phénomènes de la vie du globe), obra de 1869, é a primeira de uma trilogia e irá inspirar os estudos do quadro físico do planeta até o advento do *Tratado de geografia física* de Emmanuel De Martonne (1873-1955), de 1909, e com a qual De Martonne funda a Geografia Física moderna (Martonne, 1953). O estilo de Reclus e seu modo de ver a Geografia e a natureza aqui se apresentam pela primeira vez por inteiro. Reclus vem de uma formação iluminista para a qual a razão é um instrumento de emancipação do homem, que Reclus, tomando por princípio a origem racional e livre da natureza humana, encarna no papel da educação individual e libertária. Compreender e conhecer a natureza para compreender, conhecer e fazer aflorar a natureza do homem, um ser que nasce racional e livre e que só as cadeias da sujeição social aprisionam e escravizam, este é o papel científico da Geografia, aqui se manifestando plenamente o veio rousseauniano de Reclus.

A *Nova geografia universal (Nouvelle géographie universelle)*, obra em 19 volumes, publicada em Paris entre 1875 e 1894, dá prosseguimento a *A Terra*, trazendo o olhar libertário da natureza e do homem de Reclus para o plano agora da organização espacial das ações humanas. Com seus 19 volumes, a *Nova geografia universal* está na tradição do *Erdkunde*, obra de mesmo perfil e publicada em Berlim, também em 19 volumes, por Ritter, de quem Reclus foi aluno, entre 1822 e 1859, e do *Cosmos*, que Humboldt publica em Paris entre 1855 e 1859, em 4 volumes. As paisagens e países do mundo são postos a desfilar nessa obra de Reclus, associando na leitura o recorte e o todo, numa abordagem também aqui sem dicotomia.

O homem e a terra (L'Homme et la terre), por fim, obra em 6 volumes e publicada entre 1905 e 1908, é um estudo do mesmo tema do homem em relação ao seu todo de vida, mas visto na perspectiva do tempo e do espaço, a linha e os recortes histórico-estruturais do tempo servindo de embocadura para o fio e os recortes da evolução do espaço. É nesse livro que o conceito e a confiança no libertarismo melhor conduzem o pensamento de Reclus, porque é onde pode, pela primeira vez, sem proibições e constrangimentos editoriais, usar livremente de suas concepções e ideário, fazendo do libertarismo anarquista o fulcro reitor da sua visão de Geografia. Daí o mote de Reclus "a História é a Geografia no tempo do mesmo modo que a Geografia é a História no espaço", que dissolve a dicotomia espaço-tempo, depois de ter feito com a dicotomia homem-natureza em *A Terra* e regional-sistemática em *Nova geografia universal*.

A Geografia, através destas três obras, candidata-se e qualifica-se, assim, para Reclus, como êmulo de uma ciência libertária, pondo o homem diante de si como um ser conscientemente livre e atuante ("o homem é a natureza adquirindo consciência de si própria", diz em *A Terra*), um homem conhecedor e consciente da sua condição natural de ser humano racional, sujeito de si mesmo na história. Orienta Reclus em todas essas obras sua concepção do homem criador do seu espaço-tempo por sua ação consciente, sua vida igualitária, sua inserção comunitária na sociedade.

Paul Vidal de La Blache (1845-1918) segue um percurso pessoal e intelectual diferente (Meynier, 1969; Claval, 1974; Buttimer, 1980; Mendoza, 1982; Giblin, 1986; Andrade, 1976; Sodré, 1976; Moraes, 1981; e Gomes, 1996). Historiador de formação com área de interesse na Antiguidade, daí seus estudos na Grécia, Vidal de La Blache é chamado pelo governo francês em 1872 para organizar, como resultado do balanço do fracasso nacional na guerra franco-germânica, que imputa parcialmente ao trabalho do mestre-escola de Geografia alemão, uma Geografia acadêmica na universidade francesa, a mesma incumbência sendo conferida a Émile Levasseur (1828-1911), também historiador, para criar a Geografia do nível escolar secundária.

Intelectual que priva desde o começo do privilégio da relação com o ambiente acadêmico, Vidal de La Blache é um geógrafo da academia, identificado com os parâmetros e paradigmas do ambiente universitário. Nomeado professor universitário em Nancy, será o primeiro professor regular de Geografia em uma universidade francesa. E em 1899 assume a cadeira de Geografia na Sorbonne, onde inicia a trajetória que vai consolidar sua produção intelectual em forma de ensaios e livros.

Nessa produção intelectual, três livros indicam a diversidade de linhas e direções que segue o seu pensamento: *Quadro da geografia da França (Tableau de la géographie de la France)*, de 1903, *A França de Leste (La France de l'Est)*, de 1917, e *Princípios de geografia humana (Principes de géographie humaine)*, de 1922. O primeiro e o último vão orientar a Geografia lablacheana para duas distintas direções: a Geografia Regional, o primeiro, e a Geografia da Civilização (dos gêneros de vida), o segundo. A eles deve-se acrescentar o ensaio *Os gêneros de vida na geografia humana (Les Genres de vie dans la géographie humaine)*, de 1911, pela sua importância na demarcação do pensamento geográfico de Vidal de La Blache, escrito com o intuito explícito de formular e apresentar o conceito-chave que informa toda a sua visão de Geografia e que será a referência de seus discípulos toda vez que se dediquem ao estudo sistemático das civilizações e culturas na Geografia.

Quadro da geografia da França é uma obra escrita por Vidal de La Blache, então já professor na Sorbonne, sob encomenda de seu ex-colega de história E. Lavisse, com a finalidade de ser o primeiro volume de uma alentada história da França de antes e depois da revolução, e que terá a função do traçado prévio do ambiente de onde emerge no processo da história a identidade e a personalidade da nação francesa. Visando realizar essa encomenda nos termos de sua demanda, Vidal de La Blache vai buscar no mosaico das paisagens da França o plano ("quadro") da referência do seu estudo, tomando como ponto de partida a base geológica – a Geologia era ainda vista como uma história natural contada a partir dos acamamentos do terreno – para sustentação do seu discurso identitário. Surge, assim, a noção de uma diversidade de regiões, cada qual dotada de uma face singular na sua peculiaridade e cujo fundo histórico-natural comum se convertia numa identidade e personalidade nacional da França. O quadro de diversidade que assim apresenta aos franceses, equivalendo a uma apresentação (na verdade, reapresentação) da França ao seu povo e revelando-lhe uma França que seus olhos talvez ainda não tivessem visto, reerguendo e reafirmando o espírito francês abalado pela derrota da guerra, fez dessa obra o trabalho seminal que inaugura o nascimento da Geografia vidaliana. Está nessa obra a base do conceito de região que vai batizar a Geografia vidaliana como uma Geografia Regional e que municiará seus discípulos da teoria e do método – o método regional – com os quais completarão o trabalho do mestre, cada discípulo elegendo uma região para seu tema de pesquisa.

O próprio Vidal de La Blache vai dedicar-se a uma delas, a região da Alsácia e Lorena, situada na fronteira da Alemanha, numa área de litígio histórico. Escrita em 1917, antes do término da guerra, *A França de Leste* visa chamar a atenção dos franceses e dos seus aliados para o aspecto delicado de uma região importante por suas riquezas e recursos industriais e pela densidade conflitiva, seja por sua condição de região de fronteira, seja pelo que já acumula de tensões na história.

Princípios de geografia humana, por fim, é sua última obra. Vidal de La Blache morre em 1918, aos 73 anos de idade, deixando apenas o capítulo introdutório redigido em texto definitivo (foi publicado por Vidal de La Blache num periódico), o restante da obra ficando em forma de manuscrito, que E. de Martonne, seu genro, se incumbirá de reunir e sistematizar o mais próximo das intenções de Vidal de La Blache, cuidando de publicar o livro. O roteiro do livro é resgatado por De Martonne de uma carta enviada com sumário ao editor por Vidal de La

Blache. O livro em seu conjunto forma assim um todo de redação e consistência analítica desigual, particularmente se comparados o capítulo introdutório com os demais. E parte do manuscrito não foi possível integrar ao conjunto, optando De Martonne por adendá-lo, com o título de *Fragmentos*, ao final. É, assim, um livro de publicação póstuma, heterogêneo na escrita e incompleto no conteúdo, mas de grande força e substância. O centro de costura do *Princípios de geografia humana* é o conceito de gênero de vida, conceito que estrutura a visão de mundo de Vidal de La Blache, embora apareça no livro de modo um tanto oblíquo e sua definição e tratamento conceitual só se façam no texto de 1911. Obra dedicada ao estudo sistemático da Geografia da Civilização, *Princípios da geografia humana* divide-se em três partes. A primeira está voltada para o estudo da distribuição dos homens na superfície do planeta e destina-se a costurar o quadro do arranjo geográfico com que se materializam as civilizações, ao tempo que apresenta-a como um produto delas. A segunda, centrando o tema propriamente do livro, dedica-se ao estudo das civilizações segundo suas culturas e distintos assentamentos de espaço. A terceira, por fim, analisando o impacto da tecnologia moderna sobre as civilizações da história, reflete sobre seus progressos e dificuldades de adaptação. Velado em todas essas três partes, o gênero de vida mostra toda força de aplicação empírica principalmente na segunda.

Um paralelo entre Reclus e Vidal de La Blache pode ser feito comparando seus respectivos textos. *O homem e a terra,* de Reclus, e *Princípios de geografia humana,* de Vidal de La Blache, convergem para o tema da civilização, a constituição e características de sua estrutura geográfica e a sua capacidade de progredir incorporando o avanço da tecnologia moderna, Reclus vendo-a com olhos críticos e Vidal de La Blache, com olhos conservadores, Reclus por conta da sua teoria da revolução e Vidal de La Blache, da sua teoria da permanência (Moreira, 2006). *O homem e a terra* é a forma de ver de um geógrafo que fixa o mundo na abordagem do militante. *Princípios de geografia humana* é a forma de ver de um geógrafo que fixa o mundo na abordagem da ciência acadêmica, a primeira por voltar-se para o ideário da quebra das leis vigentes em proveito de uma sociedade igualitária e a segunda por voltar-se para a busca das leis científicas regentes das civilizações na história.

Jean Brunhes (1869-1940) é um terceiro caso. Tão clássico quanto Reclus e Vidal de La Blache e dono de uma teoria de Geografia tão matricial e tão fina quanto a deles, embora sempre preso à modéstia de apresentar-se como discípulo de Vidal de La Blache, Brunhes é o gerador de um discurso de Geografia surpreendente (Meynier, 1969; Claval, 1974; Buttimer, 1980; Mendoza, 1982; Giblin, 1986; Andrade, 1987; Sodré, 1976; e Moraes, 1981).

Autor de muitos trabalhos dedicados à geografia da França e das regiões semiáridas do Mediterrâneo, estas com suas comunidades sempre às voltas com o problema da regulação do uso coletivo da água escassa, no que antecipa muitos dos discursos atuais de esgotamento dos recursos hídricos, Brunhes é, no entanto, mais conhecido por sua *Geografia humana (La Géographie humaine: essai de classification positive)*, obra publicada em Paris em 1910, em três volumes, aos quais se acrescenta um quarto volume em 1921, com o livro *A geografia e a história. Geografia da paz e da guerra sobre a terra e no mar*, cuja autoria Brunhes divide com Camille Vallaux. Reedições sucessivas em 1912, 1925 e 1934, esta última após sua morte, ocorrida em 1930, aos 61 anos de idade, indicam a forte aceitação da obra. O sucesso das reedições explica a enorme circulação que a obra tem na Bélgica, onde rivaliza com Vidal de La Blache em importância, e sua tradução e publicação inglesa nos Estados Unidos, em 1920, feitas sob os cuidados de Isaiah Bowman. Após a quarta edição de 1934, Mariel Jean-Brunhes Delamarre e Pierre Deffontaines cuidam de executar um plano de Brunhes de 1929 de reduzir os quatro volumes a uma edição resumida, essa edição abreviada ganhando tradução e circulação em todos os cantos do mundo. Muitos dos trabalhos sobre as comunidades mediterrânicas são monografias, depois incorporadas em forma resumida como exemplos de casos pontuais dos temas que Brunhes analisa em seu livro, ampliando e atualizando as inserções a cada reedição, essa mesma estrutura se passando para a edição abreviada.

O conceito-chave de Brunhes é o que chama de fatos essenciais, um modo de valorizar o dado visual e empírico, e, assim, de conferir à paisagem e ao seu viés cartográfico o valor metodológico central da reflexão geográfica. "Só é fato o que se relaciona", diz ele, advertindo para a necessidade de um cuidado com o empirismo e remetendo sua teoria e seu método para o plano necessário da totalidade, sem a qual o fato geográfico não revela seu real significado. Daí ser enfático com a importância dos princípios geográficos. Chamando a atenção para a importância do princípio da atividade e do princípio da conexão, Brunhes pode ser considerado o introdutor da tradição dos princípios, cujo número os sucessores vão seguidamente aumentando.

Brunhes pode ser considerado também o introdutor do pensamento dialético na Geografia, chamando a atenção para a intervenção de um quádruplo tipo de contradição: a das forças da desordem do Sol (as "forças loucas do Sol", como diz) e forças da ordem da atração gravitacional (as "forças sábias da Terra"), a das forças destrutivas da exploração e forças construtivas da organização, e a da ordem e desordem. A primeira dessas contradições age como determinantes gerais da organização da superfície terrestre. As duas seguintes são formas de contradição vinculadas já ao processo de transformação da superfície em espaço organizado pelo homem. A elas se soma o movimento contrário, como numa quarta forma de contradição, de troca de cheios e vazios da repartição da densidade dos fenômenos no espaço, que conduz a uma constante rearrumação dos arranjos da sua paisagem.

O arranjo do espaço e a forma do *habitat* que vêm em decorrência dessa redistribuição permanente são as categorias centrais da sua teoria das formas geográficas – os fatos essenciais –, a primeira dando origem à descrição como princípio do método e a segunda, ao seu conceito quase cartográfico de paisagem.

Também aqui vale um contraponto de obras. Antes de tudo, a *Geografia humana*, de Brunhes, e o *Princípios de geografia humana*, de Vidal de La Blache, têm em comum a importância metodológica que ambas emprestam aos princípios da localização e da distribuição como ponto de partida inicial do estudo geográfico. A *Geografia humana* começa pela descrição do arranjo das casas, seguida da descrição do arranjo dos caminhos, culminando no arranjo dos campos de cultivos e de criação, as grandes manchas coloridas que se dispõem mais ao longe. Casas e caminhos dão, em sua combinação, origem à cidade. E a cidade integra e comanda pelas trocas as áreas de culturas e criação numa só unidade de espaço através da circulação dos caminhos. Já o *Princípios de geografia humana* começa na descrição da distribuição dos homens na superfície terrestre, realçando os núcleos originários e o progressivo movimento da expansão e de rearranjos da distribuição do homem na superfície terrestre. Vidal de La Blache vê nessa repartição a coagulação do modo de ocupação dos espaços pelo homem na sua relação com a técnica e o meio. Sobressaem aí os quadros da migração que conduzem a marcha do povoamento humano na superfície terrestre e levam a ocupação do espaço a dilatar-se para áreas sucessivamente novas até chegar ao quadro atual da ocupação da Terra. Têm em comum também o papel espacial que emprestam à técnica. A técnica ocupa um lugar privilegiado na leitura da dinâmica de organização do espaço em Brunhes e em Vidal. Vidal de La Blache a vê como uma componente essencial do gênero de vida e por isto lhe dá um tratamento detalhado, analisando-a na forma como brota, ao mesmo tempo em que se insere nas relações do homem com o meio geográfico no âmbito de cada gênero de vida e como participa da conversão dessas relações em espaço organizado. E Brunhes a tem como o tema do próprio livro, a considerar-se que toda sua reflexão centra-se na dialética da ordem-desordem do espaço, a técnica potencializando o trabalho e fazendo dele a força da ação construtivo-destrutiva do homem, aqui a ênfase sendo dada ao papel da indústria.

Sorre

Max Sorre (1880-1962) é o marco da passagem das estruturas do pensamento, o elo de ligação entre o bloco originário de Reclus, Vidal de La Blache e Brunhes e o bloco subsequente de George e Tricart, ocupando um papel destacado na história das ideias clássicas (Meynier, 1969; Claval, 1974; Buttimer, 1980; Mendoza, 1982; Giblin, 1986; Andrade, 1987; Sodré, 1976; Moraes, 1981; e Megale, 1983 e 1984).

É praticamente com Sorre que a técnica vai passar a ter a força de importância como elemento-chave da interpretação das paisagens e dos espaços que tem hoje na Geografia. Contemporâneo da implantação da fase industrial avançada, a fase da segunda Revolução Industrial, Sorre capta este momento muito bem e o traz para a Geografia com enorme vislumbramento do seu significado. Da técnica que está nascendo, Sorre apreende sua forte aliança com a ciência, a mudança de escala que traz para a relação homem-meio e, sobretudo, o sentido de ecologia, que vai tomar como substância do seu pensamento, voltando suas atenções para a relação biologia-ecologia. Daí designar de Geografia Ecológica ao tipo de ciência que faz, numa visão que torna o precursor da Geografia Médica.

De certo modo, Sorre já é o típico exemplo do geógrafo oriundo do ambiente acadêmico. Vindo de uma formação universitária voltada para o mister da Geografia, é também nesse meio que irá fazer sua trajetória intelectual. No exercício do magistério vai conhecer Emannuel de Martonne e se vinculará aos trabalhos do seu colega Charles Flahaut, o biólogo de quem recebe a influência que o levará a definir o tema de sua tese doutoral, *Os Pireneus Mediterrâneos. Ensaio de geografia biológica*, de 1913. E a partir daí toda a linha e direção de suas pesquisas, que irá materializar em *Os fundamentos da geografia humana*, sua obra maior, publicada em Paris, entre 1943 e 1952, em três volumes: *Os fundamentos biológicos da geografia humana. Ensaio de uma ecologia do homem*, de 1943, *Os fundamentos da geografia humana. Os fundamentos técnicos da vida social, as técnicas da energia, a conquista do espaço*, de 1948, e *Os fundamentos da geografia humana. O habitat. Conclusão geral*, de 1952. Em 1961 estes três volumes são condensados em *O homem na terra*, um volume único, porém alentado, que sintetiza e atualiza dados e discurso, vindo a ser o espelho maior da matriz teórica de Geografia que ele cria.

Sorre tem o cuidado de dar continuidade à Geografia dos clássicos que o antecedem, mantendo seus temas e passando-os como temas da Geografia para os clássicos subsequentes, mas fazendo-o no quadro teórico-conceitual e metodológico novo que está criando. Daí que, mais que até mesmo nos clássicos, nele aparece, em todo o esplendor de riqueza, o conjunto dos conceitos que irão consagrar a Geografia clássica no conhecimento público, como ecúmeno, *habitat*, sítio, posição, princípios geográficos, localização, distribuição, e se popularizar como a linguagem e o vocabulário estruturador e indentificador da Geografia enquanto uma modalidade própria de ciência.

Faz parte desse repertório de obras o texto *A noção de gênero de vida e seu valor atual (La Notion de genre de vie et sa valeur actuelle)*, de 1948, com o qual atualiza para as sociedades industriais modernas o conceito vidaliano, validando e aplicando-o à vida urbana e industrial já dominante no seu tempo.

O centro da análise de Sorre é o conceito de complexidade, foco pelo qual ele vê o todo e as partes da superfície terrestre. A exemplo do ecúmeno terrestre, que conceitua como uma rede de complexos.

George e Tricart

George e Tricart vêm na esteira dessa transição sorreana. Herdeiros de um mesmo passado e um e outro engajados nas ideias e nos problemas do seu tempo – ambos aderem ao marxismo e se filiam ao Partido Comunista Francês no pós-guerra –, George e Tricart são intelectuais de um mundo fortemente transformado pela cultura científico-técnica de alto nível de escala de concentração da segunda Revolução Industrial e pelo monopolismo, seja nos processamentos produtivos, seja no capital que ela engendra, e um mundo de intensa mobilização política de parte de segmentos, povos e classes sociais que lutam para modificá-lo, refletindo em seu pensamento essa época.

Pierre George (1920-2005) é o geógrafo que talvez mais tenha escrito entre os clássicos (Meynier, 1969; Claval, 1974; Buttimer, 1980; Mendoza, 1982; Andrade, 1987; e Moraes, 1981). Estudioso de vários assuntos e frentes, George escreveu e publicou ensaios e livros em praticamente todos os campos em que a Geografia se quebrou e se dividiu em seu tempo. Tem obras no campo da Geografia Agrária (*Geografia agrícola do mundo*, de 1946; *A campanha,* de 1956; *Manual de geografia rural*, de 1978), da Geografia Urbana (*A cidade: o fato urbano através do mundo*, de 1952; *Manual de geografia urbana*, de 1961), da Geografia da População (*Introdução ao estudo da geografia da população do mundo*, de 1951; *A geografia da população*, 1970; *Populações ativas*, 1978), da Geografia Industrial (*Geografia da energia*, de 1950; *Geografia industrial do mundo*, de 1959), da Geografia Econômica (*Os grandes mercados do mundo*, de 1953; *A geografia econômica*, de 1956), da Geografia Social (*A geografia econômica e social da França*, de 1949; *A geografia social do mundo*, de 1946; *A geografia do consumo*, de 1963), da Geografia Regional (*A economia da* URSS, de 1970; *A economia dos Estados Unidos*, de 1970), da Geografia Ambiental (*O meio ambiente*, de 1971), da Geografia das Técnicas (*A era das técnicas, construção e destruição*, de 1974), da Teoria e do Método (*Sociologia e geografia*, de 1969; *Os métodos da Geografia*, de 1970), e da visão global (*A ação do homem*, de 1968; *O homem na terra*, de 1989), todas com várias reedições sempre revistas e atualizadas.

O foco de George é o espaço. Embora nunca o defina com clareza, o espaço é para ele o estruturador geográfico das sociedades na história. E que lhe permite periodizá-las e qualificá-las segundo suas fases de organização no tempo. Assim, distingue as sociedades de espaço não organizado e as sociedades de espaço organizado, entre estas, por sua vez, as sociedades de espaço organizado com base agrícola e as sociedades de espaço organizado com base industrial. Em cada uma dessas formas de sociedade a técnica aparece como o elo do homem com o meio natural e o elemento que o transporta para suas diferentes formas de existência, a sociedade saindo progressivamente do estado de uma "geografia natural sofrida" (as sociedades de espaço não organizado) para o de uma geografia de paisagem tecnicamente organizada na sua totalidade (as sociedades de espaço organizado).

Jean Tricart (1920-2003) é igualmente um geógrafo de produção alentada. Mas, à diferença de George, que seguidamente alarga as fronteiras dos assuntos, Tricart parte de um ponto, o espaço físico-geomorfológico, para ir incorporando-o num todo de caráter sistêmico cada vez mais integralizado (Meynier, 1969; Mendoza, 1982; Andrade, 1987; Christofoletti, 1974; e Casseti, 1991).

O ponto inicial de partida de Tricart é a Geomorfologia (se não contarmos sua passagem simultânea pela Geografia Humana nesse início: é o autor do *Curso de geografia humana*, publicado em dois volumes, *Curso de geografia humana: o habitat rural*, de 1952, e *Curso de geografia humana: o habitat urbano*, de 1958). Daí, sua formação o leva a evoluir para escalas sucessivas de abrangência da natureza, levando consigo a Geomorfologia a evoluir na direção de integrar-se ao campo total do real em seu afã de compreender o todo que envolve a relação do homem com o meio, inicialmente pondo o foco na dinâmica integral da natureza para em seguida ampliá-la no todo do mundo humano. Seu fio condutor é o olhar do real como um todo uno-diverso, a começar pela aplicação dessa dialética ao próprio campo dos fenômenos geomorfológicos. Inspira-o *A dialética da natureza*, livro de 1878 (só publicado em 1925), de Engels.

Unindo-se a André Cailleux (autor de uma *Biogeografia mundial*, publicada na coleção Que Sais-Je, em 1953), com quem em 1956 já publicara *O problema da classificação dos fatos geomorfológicos (Le Probléme de la classification des faits géomorphologiques)*, lança em 1965 a *Introdução à geomorfologia climática (Introduction a la géomorphologie climatique)*, em Paris, encetando uma forte crítica à teoria do ciclo geográfico de W. M. Davis por seu esquematismo mecanicista e pela generalização para todo o ciclo e todos os cantos da Terra da erosão normal como princípio básico do processo de modelado do relevo, deixando de lado, entre outros, o papel da vegetação e sugerindo no seu lugar a morfologia climática. O ponto de partida é a reunião das teorias geomorfológicas de Davis e de Penck, juntando a geomorfologia norte-americana e alemã numa geomorfologia dinâmica, na qual vê o modelado terrestre como o produto de uma dialética de forças internas e forças externas do planeta, cuja ação contrária força o modelado do revelo a pulsar entre um momento de rebaixamento e nivelamento erosivo e um outro de reenrugamento e desnivelamento da paisagem do relevo terrestre, a paisagem se refazendo assim em caráter contínuo e permanente. Sob essa rubrica, Tricart funde a Geomorfologia, a Climatologia, a Hidrologia, a Geologia e a Biogeografia numa teoria e num método unificados, realizando a primeira de uma série de ondas de integralização das "geografias físicas" no sentido de chegar a um conceito mais completo e integrado de meio ambiente.

A progressão seguinte é a ecodinâmica, um olhar das "geografias físicas" projetado no horizonte mais amplo do discurso da Ecologia. Importa a Tricart ver o equilíbrio dinâmico das paisagens da superfície terrestre na perspectiva de uma dialética da natureza liberada para além das raízes inorgânicas a que foi jogada pelo pensamento positivista, introduzindo a dimensão ecológica na referência conceitual do meio. A taxonomia dá aqui um grande salto, importando considerar e diferenciar o meio ambiente em três grandes quadros de classificação: os meios estáveis, os meios intergrades e os meios fortemente instáveis. *Ecodinâmica,* livro publicado no Brasil em 1977 a partir de transcrição de uma longa conferência proferida no IBGE, exprime esse momento.

O passo seguinte é a Ecogeografia, uma visão do conjunto que incorpora e integraliza o conceito de natureza, por fim, ao espaço das ações humanas. Um tema e uma abordagem que, a rigor, nunca estiveram ausentes do olhar de Tricart, mas que ganham neste momento seu tom mais sistemático de abordagem. *A ecogeografia e a ordenação do meio natural*, obra de 1979, é o livro que registra essa nova e praticamente penúltima fase da trajetória de Tricart, que sinteticamente designa "um enfoque integrado do meio ambiente".

A virada dessa progressão é o deslocamento do centro de referência de sua visão ambiental-integralizada do todo da relação homem-meio para o plano das interações dos seres vivos, incluindo-se o homem, com o meio físico-geográfico e onde traça a sua concepção dialética do meio geográfico. *A Terra planeta vivo* (de 1972, na edição francesa) é o livro-registro dessa virada.

Um paralelo entre George e Tricart também se faz necessário. George e Tricart vivem um momento de esgotamento da Geografia clássica e da forma de sociedade instituída pela segunda Revolução Industrial, e o equacionam a partir de pontos de partida diferentes. George orienta sua visão de ambos os problemas pela combinação teórica das categorias espaço e técnica, vista pelo olhar da ação e das condições da existência humana. A maioria dos seus textos tem a ação humana como referência (*A ação do homem* remete ao homem como um ser da ação) e as formas da existência humana como tema (a ele dedica particularmente *Sociologia e geografia*). George é por isso considerado o criador da Geografia Social (embora saibamos que o título caiba mais a Reclus). Tricart a orienta para a combinação das categorias meio ambiente, espaço e técnica, embaixo também da ação humana como referência, mas para tematizar os efeitos da técnica sobre o meio nos diferentes recortes de arranjo do espaço da superfície terrestre. São duas concepções que fluem como duas paralelas, numa sensação de que a Geografia clássica desemboca com George e Tricart numa dicotomia de espaço e meio ambiente.

Hartshorne

Richard Hartshorne (1899-1992) aparece como uma espécie de consciência mundial dos caminhos espinhosos que a Geografia passa a percorrer a partir do entre-guerras (Claval, 1974; 1980; Mendoza, 1982; Andrade, 1987; e Moraes, 1981).

Hartshorne vem da tradição norte-americana, uma tradição em que aqui e ali se entrecruzam a tradição francesa e a tradição alemã de Geografia. Num país onde a Escola de Berkeley (Califórnia), inspirada nas ideias de Carl O. Sauer (1889-1975), e a Escola do Meio-Oeste (Chicago) influenciam desde o começo essa tradição, Hartshorne como que corre em raia própria, e por isso provavelmente melhor pode entender a necessidade de clarificar os rumos da Geografia nos Estados Unidos, onde a percepção dos rumos da história transparecia mais que em outro lugar, indo buscar a resposta na Geografia alemã dos séculos XVIII e XIX. E então descobre Hettner.

O resultado dessa pesquisa é exposto num alentado trabalho, *A natureza da geografia (The Nature of Geography. A critical survey of currente thought in the light of de past)*, que a AAG (Associação dos Geógrafos Americanos) publica em 1939. Editado inicialmente no periódico oficial da AAG, os *Annals of the Association of American Geographers* (volume XXIX, números 3 e 4), e logo transformado em livro, dado o imenso impacto que provoca, a obra de Hartshorne dá origem a imensas polêmicas. Nesse livro, Hartshorne aponta para o papel primordial do filósofo Immanuel Kant na fundação da Geografia moderna. Apresenta Ritter e Humboldt como os seus sistematizadores. E chama a atenção para o lapso de geração que ocorre entre as décadas de 1860 e 1880, que se seguem à morte de Ritter e Humboldt, ambos no mesmo ano de 1859, a fase de extrema fragmentação em que entra a Geografia quando da sua retomada após os anos 1880 e sua feitura por obra de não geógrafos (a exemplo de geólogos e meteorologistas). E chama a atenção para o papel de Alfred Hettner (1859-1942), um geógrafo neokantiano que promove um retorno a Ritter, à semelhança do retorno a Kant defendido pelos neokantianos no campo geral da filosofia e da ciência, recuperando e renovando o pensamento de Ritter nesse mergulho na Geografia dos fundadores com o conceito de diferenciação de áreas, que expõe particularmente em *A geografia, sua história, essência e método (Die Geographie, ihre Geschichte, ihr Wesen und ihre Methoden)*, publicado em Breslau, em 1927.

As teses apresentadas por Hartshorne no livro são objeto de inúmeras críticas, que ele busca responder num segundo livro, *Natureza e propósitos da geografia (Perspectives on the Nature of Geography)*, publicado em 1959, também pela AAG. Querendo esclarecer, atualizar e dirimir equívocos do primeiro, Hartshorne acaba por escrever um livro novo, mais claro e mais simples e por isso com maior influência nos desdobramentos que o primeiro, seja nos rumos da Geografia norte-americana, seja fora dela. Em busca de uma clara exposição para as ideias que descobrira em Hettner, Hartshorne lista e dá resposta a dez das críticas que seu primeiro livro recebe, cada qual vindo a compor um capítulo do novo. De modo que *Propósitos e natureza da geografia* acaba por se tornar um verdadeiro balanço crítico – e, para Hartshorne, superativo – do elenco dos temas que o tempo acumula como problemas da teoria e do método da Geografia clássica. E com isso põe à disposição dos geógrafos dois livros de referência, o segundo com maior circulação e conhecimento público, seja por sua maior simplicidade e abrangência, seja pela atenção que para ele chama o próprio clima polêmico que cerca o primeiro.

Propósitos e natureza da geografia acaba por levar Hartshorne a rever suas próprias ideias, antes posicionadas no campo vidaliano da Geografia Regional, alargando-as para o conceito hettneriano de diferenciação de áreas, em que o conceito de região se amolda aos conceitos mais abstratos, porém mais basilares, de recorte e de área, todos entendidos como formas de manifestação do processo de diferenciação, que numa interpretação livre entenderemos como o movimento de constituição da diferença, o contrário da identidade que informa o conceito de região.

Área e diferença são, pois, suas categorias de referência. Área como recorte de base do movimento de diferenciação – que pode ser do fenômeno meteorológico nos tipos de clima ou o da urbanização nos tipos de cidade – que em seu processo de ocorrência aqui e ali se arruma na superfície terrestre nas formas empíricas da região, da zona, do lugar, fazendo do todo da superfície uma corologia com seu mosaico de paisagens. Diferença como realidade instituída pelo movimento de diferenciação dos fenômenos em seus deslocamentos e recortamentos na superfície terrestre. E mais a superfície terrestre, pois, como campo do interesse explicativo do geógrafo. Se a diferenciação de área – ou a diferenciação do movimento do fenômeno em diferentes áreas de paisagem – é o enfoque, a superfície terrestre é o campo que a perspectiva hettneriana de Hartshorne toma como objeto da Geografia.

Sobre escolas, geografias setoriais e matrizes

Há um desconhecimento dos clássicos que é fonte de dois grandes equívocos na história do pensamento geográfico já de um século: a tradição das escolas e a tradição das geografias setoriais.

A Geografia tem a tradição da escola. Escola francesa, escola alemã, escola norte-americana... Cada escola é um país, cada país é uma escola. Talvez se flagre aqui o vínculo da Geografia com o Estado (a "geografia oficial", de Milton Santos; a "geografia dos estados maiores", de Lacoste) – seria fruto do assento do geógrafo nas instâncias da UGI (União Geográfica Internacional), uma instituição apoiada em Comissões Nacionais? – que a crítica recente combateu acerbamente (Moreira, 2007). O defeito da escola é a supressão dos seus pensadores: há o chefe de escola e seus discípulos. Mesmo quando estes são pensadores originais, são seus continuadores.

Ao lado da tradição das escolas vicejam o que podemos chamar de geografias setoriais. Por esse prisma, há o geógrafo urbano, o geógrafo agrário, o geomorfólogo... O defeito desse modelo é o abandono da prática de pensar o todo, que, mesmo que fosse um pedaço regional, fazia a fortuna da tradição das escolas. E o ilhamento do geógrafo nos seus compartimentos fechados.

Uma terceira tradição, entretanto, existe, obliterada e dissolvida dentro das outras duas: a do geógrafo criador de matriz de pensamento. Imbuídos seja de uma tradição ou de outra, não nos demos conta de que cada geógrafo se distingue do outro por sua forma própria de pensamento. Mas a tradição de escola pôs os pensadores num mesmo plano de generalidade, impedindo que as originalidades emergissem e florescessem como tais. E a tradição da geografia setorial já não oferece o parâmetro geral sem o qual é impossível a comparação que as evidencie. Bastaria, entretanto, considerar as distintas raízes de pensamento de que cada um parte e filia sua visão de mundo – Humboldt, ao romantismo; Ritter, ao espiritualismo cristão; Ratzel, ao evolucionismo; Reclus, ao anarquismo libertário; Vidal de La Blache, ao funcionalismo antropológico; Sauer, ao culturalismo; Hettner, ao neokantismo, são exemplos que se multiplicam – para que a evidência das originalidades se oferecesse. Pensadores de linhas próprias, é preciso, assim, tirar a crosta das escolas ou das geografias setoriais que as escondem para fazer-se vir à luz do dia o brilho de suas propostas e ideias seminais. E, assim, evidenciar em que bases de fundamento fincam suas matrizes de pensamento geográfico.

O discurso das escolas

A tradição da escola vem da ideia da associação e colagem da Geografia com os discursos do Estado e do imperialismo. Dissolvidos num todo, os geógrafos e o apetite de grande potência dos seus respectivos países foram vinculados numa teoria de Escola nacional que, a par da generalização, não encontra respaldo na análise das obras. Primeiro, suas obras não são pensamentos nacionais, não têm a nação como escopo e espelho e não visam dar elementos para a formação de um espírito nacional como intenção. Segundo, não são propaganda do Estado nacional respectivo em suas ações de incursão sobre territórios de outras nações. Até porque as matrizes em que se inspiram não o são. Tem havido aqui uma confusão entre a ação de Sociedades Nacionais de Geografia e os geógrafos da mesma nação.

Vidal de La Blache e Friedrich Ratzel são as principais vítimas desse tipo de leitura. Vidal de La Blache traz a pecha de criar uma geografia francesa para contrapor o espírito nacional francês ao alemão, entre outras coisas formulando com ela os fundamentos de uma Geografia colonial francesa. E Ratzel é acusado de fazer o mesmo, a serviço de um projeto nacional alemão, embora nem mesmo seja um chefe de fila de uma escola alemã de Geografia.

Vidal de La Blache é, antes de tudo, um pensador universal. Um geógrafo da civilização e da contingência. A civilização é para ele o plano maior da projeção dos gêneros de vida. E a contingência, o parâmetro de sua filosofia da história. É também um geógrafo da região, a ele atribuindo-se o mérito da criação da Geografia Regional e do método regional. Mas é por conta da sua Geografia da Civilização que lhe é imputada a ligação com o interesse imperialista do Estado francês.

A linha da Geografia da Civilização tem traços e contemporaneidade com o nascimento da Antropologia, a Geografia e a Antropologia compartilhando de interesses próximos. Contudo, se há uma utilização do trabalho dos geógrafos e dos antropólogos para fins que não de conhecimento e comparação dos gêneros e modos de vida dos povos no espaço e no tempo, não se pode inferir daí seu vínculo e obras com e como uma política de Estado. Vimos fazer-se isso recentemente com o pensamento de Nietzsche e Hegel.

Sem dúvida que a chegada da Geografia e da Antropologia às cadeiras e carreiras universitárias – vimos que Vidal de La Blache foi o primeiro a assumir uma cadeira de professor universitário de Geografia na França e considera-se ter sido o criador da Geografia universitária, ao lado do criador da Geografia escolar E. Levasseur, ambos a convite do governo francês – propiciou o surgimento dos estudos acadêmicos das colônias no âmbito das Universidades, uns com e outros sem intenções de sustentar ações imperiais de seus respectivos Estados nacionais necessariamente.

Seja como for, e embora não único, é um marco a presença das ideias de Vidal de La Blache na Geografia francesa. E pode-se, por isso, entender todo o prestígio que o cerca e a vinculação que acabou por estabelecer-se das suas teorias com a visão de Geografia que os geógrafos franceses desde então produziram, muitos deles seus discípulos. Não começa, entretanto, com Vidal de La Blache e não se restringe a ele a história da Geografia na França à época da sua entrada no campo desta, vindo da História. Vários são os geógrafos e trabalhos de Geografia que então se faziam (Gomes, 1996). Basta lembrar a presença, mais forte que a de Vidal até a virada do século XIX para o XX, de Elisée Reclus. E são seus discípulos – ou que assim são apresentados e se apresentam – os que, na verdade, produzem e consolidam a Geografia moderna na França, muitos dos quais aparecerão com ideias próprias, reformuladas do mestre e mesmo mescladas com as linhas de ideias de Reclus.

O que é próprio desse conjunto de pensadores é a presença do sentido da história na sua visão geográfica de mundo e que forma o traço característico e distintivo das obras e ideias que produzem em relação às dos geógrafos de outros cantos do mundo, sejam eles alemães, norte-americanos ou ingleses. Sabemos que o historicismo é um traço do pensamento social francês, por isso presente tanto em um geógrafo vindo do seio dos historiadores como Vidal de La Blache quanto em um geógrafo vindo das próprias fileiras da Geografia como Elisée Reclus.

Descontado o modo como o conceito de região se traduz na França, num ato de formulação que cabe, todavia, tanto a Vidal de La Blache quanto a Lucien

Gallois, seu contemporâneo e parceiro na organização da majestosa *Geografia universal (Géographie universelle)*, a quem cabe tocar para adiante o projeto após a morte de Vidal em 1918, e, então o método regional, este de lavra exclusiva de Vidal, a marca distintiva da Geografia francesa é essa simbiose que tem com o pensamento social e que a leva, em decorrência disso, a um diálogo permanente com os historiadores e a historiografia franceses. Até porque é na Geografia dos alemães que vão se nutrir tanto Vidal de La Blache quanto Reclus, ambos discípulos de Ritter na elaboração de suas respectivas matrizes.

É onde entram Ratzel e a Geografia alemã, vistos também como uma escola. Mas se na França pode-se ver, é verdade que hoje com alguma ressalva, um entrecruzamento da Geografia francesa com o pensamento geográfico de Vidal, na Alemanha não se pode mesmo pensar em fazer um exercício de vínculo análogo envolvendo o pensamento de Ratzel. Se há uma escola alemã, fica-se sem saber quem seria seu mestre de fila. Sem dúvida que não seria Ratzel, mas é em nome dele que toda a virtude e pecados da Geografia alemã são imputados. Ratzel seria o próprio espírito do imperialismo alemão no pensamento geográfico com sua teoria do espaço vital, espírito que já estaria presente em seus antecedentes e que ele teria então evidenciado com esse conceito. Cometemos esse pecado capital, repitamo-lo, em *O que é geografia* (Moreira, 1980).

Ratzel, na verdade, vem na esteira de uma plêiade de geógrafos que o antecedem, a começar pelos geógrafos do Iluminismo, Forster e Kant, e os fundadores da Geografia moderna, Ritter e Humboldt, e é contemporâneo de outros tantos, cada qual conduzindo o pensamento e a vinculação da Geografia para rumos diferentes. Embora influa como pano de fundo em todos os problemas da unidade nacional alemã.

Mas Ritter e Humboldt estão ocupados com a tarefa da formulação de um olhar holista iluminista e romântico na Geografia, Ritter numa direção religiosa e Humboldt numa direção panteísta, sem que os estimule qualquer pretensão de pensar como ou para o fim de uma escola, de se pôr a serviço do Estado como profetas de uma potência e mesmo de querer resolver o problema do desenvolvimento tardio alemão. Se algum deles tem projeto na área política, este é mais Humboldt, voltado para a construção de uma sociedade alemã democrática e unificada a partir de baixo, do povo alemão, dado o grupo de intelectuais, todos humanistas e progressistas nas ideias sociais, com os quais tem sua relação, a partir do jovem Forster e de Goethe (Moreira, 2006).

Por seu turno, os contemporâneos de Ratzel vivem numa Alemanha já unificada e envolvida agora com os problemas de meios que lhe permitam acelerar a industrialização nacional que a ombreie com as nações mais poderosas e desenvolvidas da Europa, a Inglaterra e a França particularmente, questões que estão na base das preocupações que alimentam a pretensão imperialista que levam a Alemanha a provocar duas guerras mundiais e têm sua atenção voltada para a tarefa de constituir as geografias setoriais, que são a forma como o pensamento geográfico, aqui sob a influência positivista e ali neokantiana, se desenvolverá após a morte de Ritter e Humboldt em 1859. Não lhes move, então, e não seria compatível com uma geografia tão setorialmente dividida, servir ao Estado em suas pretensões nacionais de virar grande potência. Não se verá isto em Richtoffen ou em Hettner, e muito menos em Ratzel.

E se o Estado e seus constituintes fundadores se nutrem das ideias de Ratzel e seus contemporâneos, isso nada tem de intenção de Ratzel de pensar a serviço do Estado e longe do propósito de suas ideias se destinarem ao objetivo de fazer da Geografia alemã uma escola na qual ele surja como referência. A noção do espaço vital é o modo como Ratzel chama a atenção para a importância da terra e do território – unificados no conceito genérico de solo – na constituição dos modos de vida dos povos e o caráter político da atitude de construir suas sociedades levando em conta o fato de ter de fazê-lo num processo de ação geográfica, lançando, assim, as bases da Geografia Política, não da Geopolítica, portanto, uma visão de Geografia que hoje se veria como uma teoria da ação. Nada tendo a ver com o sentido de uma geopolítica de rés do chão que a interpretação da Geografia de escolas viria a popularizar e difundir.

Se há uma substância que distinga a Geografia dos alemães da dos franceses, esta é a vinculação da Geografia alemã com o naturalismo, na mesma medida que a dos franceses tem com o historicismo, que aproxima os temas e obras dos alemães mais das ciências da natureza que das ciências humanas (que fará a fortuna da Geografia dos franceses). E isso pelo simples fato de que a fragmentação positivista das ciências é no começo maior na ciência alemã que em outro país, fragmentação que, sabidamente, se dá no campo dos estudos da natureza inorgânica e que faz da Geomorfologia e da Climatologia destaques da Geografia alemã ainda na segunda metade do século XIX, quando a Geografia vidaliana mal começava a dar seus primeiros passos (Moreira, 2006). No fundo, esse é o preço que a Geografia alemã teve que pagar pela primazia de ser uma ciência amadurecida. E, assim, estar já plenamente constituída quando do começo da fragmentação positivista das esferas em mundos dissociados, e a seguir por sua vez de cada esfera internamente, a começar pela esfera do inorgânico, quebrando seu estudo numa diversidade de ciências sistemáticas, que a Geografia alemã acompanhará inteiramente.

É assim que a Geografia surge na Alemanha com um perfil e na França com outro, fato que está longe de evidenciá-las como duas escolas. E por isso mesmo é alemã a reação neokantiana. Isso explica a diferença do pensamento de Vidal de La Blache e de Alfred Hettner em relação ao tema do recortamento da superfície terrestre em pedaços de espaço, que ganhará com Vidal a forma da região, vista como um caso de isolamento e singularidade, e em Hettner a forma da diferenciação de áreas, vista como um discurso corológico. Do mesmo modo explica a forma com que o tema da civilização é analisado por Vidal de La Blache e Ratzel, em Vidal com ênfase nos traços da cultura, e em Ratzel com ênfase no traços da ação política, embora oriente a ambos a necessidade de compreender o modo de vida dos povos por intermédio de uma geografia das civilizações, tarefa que na mesma época igualmente toma para si Reclus (Moreira, 2006).

O fato é que são matrizes diferentes, seja o pensamento de Humboldt, Ritter, Richtoffen, Hettner e Ratzel ou de Reclus, Vidal de La Blache, Jean Brunhes e Max Sorre. E vem, provavelmente de Lucien Febvre, através de seu livro *A Terra e a evolução humana. Introdução geográfica à História* (Febvre, 1954), esta ideia de tradição de escolas que se iniciaria com as escolas alemã e francesa enquanto encarnações de suas necessidades nacionais respectivas, a primeira materializando-se no pensamento de Ratzel e a segunda, no de Vida de La Blache. Confundindo alhos com bugalhos, Febvre, neste que é, diga-se com ênfase, um excelente livro, e como tal e nessa perspectiva crítica deve ser lido, designa a Geografia vidaliana de possibilista e a ratzeliana de determinista, a vidaliana justamente pelo seu vínculo com o historicismo francês e a ratzeliana por seu vínculo com o naturalismo alemão.

Daí que Febvre opte por um contraponto de escolas e escolha Ratzel e Vidal de La Blache para referências de um fictício movimento nacional e um ainda mais fictício embate de pontos de vista (a derrota de 1870 da França diante de uma Alemanha militarista é o fantasma que está por trás do ideologismo de Febvre). Nem Vidal de La Blache é possibilista e nem Ratzel é determinista, e tanto em um quanto em outro a história aparece como possibilidade (não como possibilismo), em ambos a possibilidade histórica aparece no âmbito das relações do homem com o meio, mas não para se expressar em um como isto e em outro como aquilo.

Nesse sentido são tão possibilistas quanto deterministas Humboldt, Ritter, Ratzel, Reclus e Vidal de La Blache, em cada um o espaço geográfico aparecendo necessariamente como possibilidade e determinação na história, sem a confusão de conceitos que é evidente em Febvre, em que possibilidade vira possibilismo, determinidade vira determinismo e possibilidade e determinação viram uma dicotomia, uma dicotomia nacional, tudo no intuito de fundar o discurso de escolas.

O discurso das geografias setoriais

Mas a fragmentação das geografias setoriais está a caminho. E a caminho está seu surgimento como a tradição das geografias setoriais. E a fragmentação é a responsável por outros tipos de problemas. O principal deles é o isolamento e guetização dos geógrafos em compartimentos estanques, além de fomentar uma pletora de dicotomias, umas declaradas, outras disfarçadas.

Assim, uma cadeia de situações, em que problema puxa problema, tem origem. De um lado, o recorte do real em pedaços que cada geografia setorial realiza dissolve diante dela o todo do qual o pedaço (literalmente tornado pedaço) foi extraído, impedindo a visibilidade de suas interações com os demais aspectos, igualmente convertidos em pedaços de parte de cada uma das demais setorialidades, e a percepção do movimento global da realidade como uma dialética do uno e do múltiplo. De outro, a própria faixa das interseções que implica o caráter de um todo dividido em pedaços, uma vez que se passa a ter pedaços ao lado de pedaços dentro do todo, passa a ser vivida como um problema de método, que o vezo prático-pragmático simplesmente elimina ou busca resolver pelo recurso em tudo ambíguo do estatuto da interdisciplinaridade (multidisciplinaridade, transdisciplinaridade etc.). De modo que a necessidade da chancela conduz as geografias setoriais a uma aproximação formal, assim nascendo a Geografia Física e a Geografia Humana. E conduz também a uma busca de enquadramento do fenômeno num plano de regência legal que as conduza a uma inserção formal no nível de uma generalização mais ampla, através da descoberta de leis e categorias científicas, assim nascendo o formato moderno da Geografia Geral e da Geografia Regional. Mas, na prática, são nomenclaturas, a mais geral das quais passa a ser a própria palavra Geografia. Até porque, inviabilizadas pelo zelo teórico que leva cada setor a ter de inventar seu próprio objeto, método e linguagem de discurso, numa cultura de fazer cada geógrafo o orgulhoso inventor de sua própria área, nenhum fundo comum restará.

O que resta é uma matriz geradora de isolamentos e dicotomias. Que não raro vira uma fonte de retóricas com o intuito de justificar não se ter que ir a fundo nos problemas que o próprio pragmatismo da especialização setorial está a engendrar.

A mais conhecida e presente delas é a dicotomia Geografia Física *versus* Geografia Humana, uma forma de partição até certo ponto recente na história do pensamento geográfico e cujo formato foi dado pela equação neokantiana de ciências naturais *versus* ciências humanas criada na virada do século XIX para o XX.

Até a primeira metade do século XIX chamava-se Física a Geografia existente. Assim a designa Kant. Entendia-se então por físico o mundo da captação sensível, isto significando a totalidade dos fenômenos externos que nos cercam, numa reiteração da *physis* grega. O germe do conceito moderno está, entretanto, já presente no pensamento oitocentista, caminhando para o sentido do inorgânico (meramente inorgânico) que o termo irá adquirir em nosso tempo, a despeito da reação em contrário dos românticos. Já fortemente penetrado da influência que a ciência moderna exercia sobre o todo do pensamento científico e filosófico, derivada do pacto renascentista de tomar a natureza como tema da física e deixar o homem como tema da metafísica, o discurso moderno consagra a partir do século XIX com o advento do positivismo o sentido inorgânico com que o fenômeno físico passa a ser concebido. A Geografia simplesmente acompanha essa mudança. Assim, Geografia Física passa a ser sinônimo de Geografia da natureza inorgânica. Sem se dar conta do enorme buraco vazio que junto a isso herda e compartilhando de um mal-estar que o próprio positivismo tenta resolver com a criação da Sociologia. E só aumenta com o advento da Biologia de Darwin. Não há lugar para a natureza orgânica nessa Geografia. Não há lugar para uma natureza-com-o-homem. Só há lugar para uma natureza-sem-o-orgânico-e-sem-o-homem, parodiando Hartshorne.

Uma mudança na aparência radical acontece quando na virada do século XIX para o século XX a reação neokantiana propõe a criação da ciência do homem. Partindo do princípio de uma dupla legalidade em que há leis que regem a esfera da natureza e leis que regem a esfera do homem (mimetizado pelos neokantianos como cultura), o neokantismo engendra um sistema de ciências dividido em ciências naturais e ciências humanas. É quando surge, de fato, a dicotomia natureza *versus* homem, na forma da oposição Geografia Física *versus* Geografia Humana, até então inexistente (Moreira, 2006).

O problema é que desde o lançamento de suas ideias Darwin não deixou modelo e teóricos de ciências em paz. E Humboldt, uma espécie de grilo falante que antecipa toda a crise que hoje bate às portas dos epistemólogos, mais do que dar razão a Darwin contra o que surgirá na esfera do pensamento com os positivistas e neokantianos, referenda-o em sua ideia do homem como natureza, tanto quanto o são uma planta e uma rocha, e oferece ao pensamento, e é aceito, exceto pelos geógrafos, a alternativa de uma natureza-com-o-homem e um homem-com-a-natureza com a Geografia que criara antes do ruidoso esvaziamento e quebra do conhecimento holista dos séculos XIX-XX.

A dicotomia Geografia Geral *versus* Geografia Regional vem da mesma raiz. Entretanto, a terminologia é mais antiga. O tema do duplo geral-singular remonta na Geografia ao Renascimento, com Bernhard Varenius, quando este publica sua *Geographia generalis*, em 1650, chamando a atenção para a existência de um plano geral dos fenômenos geográficos, que dá nome ao livro, e um campo específico, que designa de Geografia Especial, em que as leis gerais se aninham e se materializam em espaços recortados.

Desde então essas duas expressões conheceram mudanças de significado e inter-relação. Mas é com o surgimento das geografias setoriais que o significado moderno surge. É quando a *Geographia generalis* passa a ser chamada ora de Geografia Geral e ora de Geografia Sistemática, a depender de ser confundida ora com a Geografia Física e ora com a Geografia Humana sistemáticas, e a Geografia Especial vindo a dar na Geografia Regional.

A designação de Sistemática indica o propósito do termo. Significa o intuito de descoberta e emprego de leis gerais que regeriam o fenômeno geográfico e teriam sua aplicação no ou nos pontos da superfície terrestre onde o fenômeno ocorre. Supõe-se que estas leis existam e sejam geográficas (aliás, sem que em qualquer momento sejam definidos, supõe-se que existam fenômenos geográficos). A designação Regional indica a ligação necessária que o recorte da superfície terrestre, pressuposto do conceito e existência da região, teria com essas leis, que ao se projetarem sobre ele originaria o fenômeno da região, e, assim, mudariam, ou não, de natureza, para se transformar em leis regionais.

A condição de lei geral deu em alguns momentos na ambiguidade de confundir-se a Geografia Sistemática ora com a Geografia Física e ora com a Geografia Humana, então assim se designando porque seu modelo seria, respectivamente, a modalidade da lei da natureza (mais exatamente a lei da gravidade) ou a modalidade da lei da sociedade (compreendida pelos neokantianos como o conjunto das normas e regras do contrato social estabelecido entre os homens em cada momento da história visando atender suas necessidades de convívio).

Dois caminhos distintos seguirá o problema da dicotomia Geografia Geral *versus* Geografia Regional a partir da consolidação desse estranho casamento do positivismo e neokantismo. Com o surgimento da Geografia Regional, uma Geografia de viés vidaliano, dotada de objeto e método próprios, a dualidade se resolve pelo desaparecimento puro e simples da Geografia Sistemática, a região se autobastando teórico-metodologicamente. O outro caminho é o seguido por Hettner, o da diferenciação de áreas, mas aqui, face à genialidade do conceito, a dicotomia se resolve pela pura junção da dualidade no interior do conceito corológico do espaço, num retorno à fórmula dada por Ritter à teoria do duplo de Varenius. Centrada na teoria de que os fenômenos em seu movimento geral na superfície terrestre sofrem variação, assim se diferenciando em diferentes recortes de espaço, Hettner desenvolve uma forma engenhosa de visualizar em cada pedaço da superfície terrestre a materialização do mesmo fenômeno geral, a diferenciação aparecendo como a instituição da diferença, transformando a superfície terrestre num grande mosaico (dizia-se corografia até o Iluminismo com Forster) de paisagens.

A compartimentação ininterrupta do discurso geográfico em geografias setoriais introduziu, todavia, sobretudo depois da Segunda Guerra, com a aceleração do mundo construído na divisão territorial do trabalho da segunda Revolução Industrial, formas novas de dicotomia. Elas surgem dentro da dicotomia Geografia Física *versus* Geografia Humana, reproduzindo dentro de cada qual novas fronteiras estanques. Na Geografia Física é o caso da dicotomia introduzida no decorrer da segunda metade do século XIX, na disputa de primazia que Geomorfologia e Climatologia estabelecem dentro da Geografia Física, e que na segunda metade do século XX aparece quando se discute qual delas responde como base da constituição dos sítios de assentamento dos fenômenos, sejam físicos ou humanos, da superfície terrestre. No caso da Geografia Humana, é o caso da dicotomia que separa a Geografia Urbana e a Geografia Agrária, em que os fenômenos geográficos da cidade e do campo são vistos completamente dissociados um do outro, sem que se considere qualquer laço de interação e entrecruzamento. Divorciados da divisão territorial do trabalho e das trocas, que lhes dá origem na história, cidade e campo são então estudados como coisas em si.

O grande problema da fragmentação setorial e da dicotomização somadas é nem tanto a supressão do que seriam pares dialéticos e nem tanto a separação formal, mas o esvaziamento que de um lado responde por hoje fazermos uma Geografia Física pura (a-natureza-sem-o-homem) e de outro lado uma Geografia Humana pura (o-homem-sem-a-natureza), sem a possibilidade teórica de nenhuma ponte de entrecruzamento.

As matrizes

A dissolução do paradigma de tradição de escolas e de setores, ao contrário, enfatiza, contra a primeira, a intelecção do indivíduo-criador, dando lugar a um olhar voltado para a descoberta do que de original se pode ver nos autores, os respectivos modos e estilos de pensamento, e, contra a segunda, a intelecção dos fenômenos em sua integralidade do uno-múltiplo, dando lugar a um olhar de unidade holista. Aqui ganha espaço a percepção das matrizes.

Matrizes são as formas de pensamento que partem de um núcleo racional por meio do qual uma estrutura global emerge como discurso de mundo, uma estrutura matricial se distinguindo da outra justamente pela maneira como o intelectual vê e integraliza o mundo.

O conceito de matriz do pensamento supõe, então, o clareamento do campo epistemológico dos pensadores. Isto é, o fundamento conceitual-ideológico de onde eles partem como raiz de base e o quadro das mediações que utilizam para organizar esse fundamento num formato discursivamente localizado. No caso, a Geografia.

Individualidade e episteme, pois, são as referências da definição. A individualidade significa a asserção de que a matriz é a forma de elaboração original de um pensador na Geografia, distinto por seu modo de pensar e ver o geral instituído, e de como ele capta o real através da Geografia como forma de leitura do mundo (mundo que por definição é a sociedade em seu tempo histórico, a matriz expressando esse real na forma do pensamento). A episteme, por sua vez, significa o modo como o âmbito geral das ideias do tempo se exprime no campo específico do pensamento do pensador, e assim como ele as formaliza na forma da sua linguagem conceitual e as reproduz na sua forma própria de dialogar com o modo geral de visão de mundo do seu tempo.

Não quer dizer um desligamento recíproco entre os pensamentos, pois, antes, pensa-se numa descontinuidade do contínuo, que é próprio da cultura humana. Porque individualidade e episteme se adensam no universo vocabular do pensador, sem que ele se isole e se retire para a solidão de sua caverna, antes capte na sua integralidade o pensamento do real do seu tempo a partir do modo pessoal como combina e traga para si toda a bagagem de história das ideias com que convive, trazendo para seu campo discursivo com elas a capacidade de verbalizar a realidade que vive e explica.

No que nos interessa, trata-se de conceber e analisar a forma e o caminho teórico-metodológico distintivos que levam o geógrafo a poder formular com as ideias do seu tempo a sua compreensão própria de mundo por intermédio dos elementos da Geografia. Sob a forma criativa de uma visão sua e crítica.

É comum as matrizes brotarem e se revelarem das obras dos autores, uma das quais acaba por condensar seu pensamento mais que as outras. Pensa-se assim com *O capital*, para Marx, *A ética protestante e o espírito do capitalismo*, para Weber, *A interpretação dos sonhos*, para Freud, *O discurso do método*, para

Descartes, *Princípios matemáticos da filosofia natural*, para Newton. Mesmo que isso seja meia-verdade.

Pensaremos também assim com *O homem e a terra,* para Reclus, *Princípios de geografia humana*, para Vidal de La Blache, *Geografia humana*, para Brunhes, *O homem na terra,* para Sorre, *A ação do homem*, para George, *A Terra planeta vivo*, para Tricart, e *Propósitos e natureza da geografia*, para Hartshorne.

A vantagem dessas obras é com elas podermos analisar justamente uma faixa do moderno pensamento geográfico em que o caráter de escola, o visgo da especialização setorial e o vazio da "purificação" do conteúdo não são o caso. Antes, são obras em que o homem e a natureza são o tema e ambos estão presentes.

Vejamos o que há de matriz. E, assim, de continuidade-descontinuidade nessas obras.

OBRAS, OLHARES

Elisée Reclus: comunidade e libertarismo em *O homem e a terra*

O homem e a terra é um livro publicado entre 1905 e 1908 em seis grossos volumes. É a última grande obra de Reclus e fecha o ciclo que se inicia com *A Terra*, de 1869, em 2 volumes, e inclui a majestosa *Nova geografia universal,* publicada entre 1875 e 1892, em 19 volumes, e que recebe a contribuição de Kropotkine na parte da Geografia Física.

O homem e a terra é a única obra em que Reclus, livre das interdições político-ideológicas dos editores, expõe com toda liberdade sua visão anarquista de Geografia. Visando mostrar como Reclus vê nossa era, para ele um contraponto entre o comunitarismo e o capitalismo ao redor dos temas da liberdade e da distribuição da riqueza social, limitamo-nos em nossa resenha ao conteúdo dos volumes IV a VI.

O velho espaço e os primeiros traços do espaço moderno

O feudo e a comuna, diz Reclus, são a marca da organização espacial da Idade Média. O feudo é o poder do senhor. A comuna é o poder autônomo da população situada fora do domínio de um feudo. O conflito entre feudos e comunas atravessa todo o período medieval. E é sob o fogo do aguçamento dos seus conflitos que o burgo e o Estado moderno vão surgindo, preparando a transição para a formação da sociedade atual.

O episódio das Cruzadas desagrega o poder feudal e oferece os primeiros ensaios de nascimento do Estado. Este, buscando ora centralizar e ora dissolver o território dos feudos, das comunas e dos burgos, ambiguamente ora se apoiando nos feudos, ora nos burgos livres, acaba por abrir com estes um terceiro polo de poder ao lado do poder senhorial e do poder autônomo comunal. Nesse momento, e só então, é que o burgo entra em cena com destaque.

A fonte geradora da comuna é a antiga comunidade gentílica que sobrevivera tanto ao domínio imperial romano quanto ao senhorial, daí poder extrapolar o âmbito do poder feudal mesmo quando se incorpora às relações de obrigação imperantes dentro do feudo. No longo percorrer dos séculos da alta Idade Média, a antiga comunidade mantém-se arredia à incorporação do sistema feudal em expansão, e nessa resistência não raro encontra aliado nas condições físicas do terreno. Às vezes isso se deve à inacessibilidade do alcance do braço senhorial a uma área protegida por um pântano ou por um território montanhoso (como nas regiões alpinas). Outras vezes, deve-se à própria capacidade desenvolvida pela comunidade de adquirir o poder do domínio das condições adversas do meio. "Em certas comarcas da Europa as condições favoráveis do meio permitiam aos habitantes manter-se em comunidades perfeitamente independentes e até intocáveis", como na Dinamarca. Em outras comarcas, o próprio caráter comunitário era a fonte da força, de vez que "para conquistar um solo firme sobre o mar e sobre os rios era insuficiente a servidão, necessitando-se da liberdade criadora, da franca iniciativa, da inteligência e da firmeza do trabalho", como em Flandres (IV, p. 16). Num como noutro caso, a comuna é isso porque se põe à margem do alcance do poder da ação senhorial.

As comunas estruturavam-se como repúblicas comunitárias, habitadas por homens livres. "Os aspectos físicos como os braços de mar, assim como também os pântanos, os espessos bosques, os desfiladeiros, as ásperas montanhas e a neve, em uma palavra, todos os obstáculos da natureza que dificultam o ataque e facilitam a defesa, protegiam as comunidades que haviam ficado livres apesar das guerras feudais". Exemplifique-se com as comunidades suíças nas montanhas suíças dos Alpes, as dos bascos nos Pirineus ocidentais, as dos montes Ilírios, as do Montenegro e as das montanhas albanesas. Conhecedores de sua força, não temiam qualquer adversidade.

As comunas não se confundem com as cidades, embora estas pudessem existir na forma de comunas. Em muitos lugares a liberdade das cidades vem de estas se confundirem com as comunas. "Onde quer que nascessem repúblicas urbanas no meio do feudalismo, a cidade se estabelecia com maior solidez em sua liberdade municipal se se compunha de um agrupamento de aldeias ou de casarios que conservavam sua personalidade como produtores, mercadores e consumidores associados. Em Veneza, cada um dos penhascos foi durante muito tempo uma comunidade independente, que adquiria à parte os víveres e as primeiras matérias para distribuí-los entre os associados. Do mesmo modo as cidades lombardas estavam divididas em bairros autônomos. Sena se fez famosa na história pelas rivalidades e alianças, as inimizades e reconciliações das 24 pequenas repúblicas justapostas na grande república urbana. Ao redor da maior parte das cidades do centro e do norte da Europa, as vizinhanças constituíram outros tantos submunicípios distintos que gravitavam ao redor do grande município; em Roma, cada rua da cidade tinha sua personalidade autônoma. A antiga Londres antes da conquista normanda foi um aglomerado de pequenos grupos aldeãos dispersos no espaço fechado pelas muralhas, tendo cada grupo sua vida e suas instituições próprias, guildas, associações particulares, ofícios, unidos de uma maneira pouco sólida ao conjunto municipal" (IV, p. 20). O fato é que a organização da cidade livre espelha-se em sua origem nas comunidades. "A cidade da Idade Média normalmente construída nos aparece como o produto natural dos elementos da associação: em primeiro lugar os indivíduos agregados segundo seus interesses de profissão, de ideias, de lazer, depois o das vizinhanças, dos bairros, pequenas unidades territoriais que não deviam ser sacrificados ao centro da cidade. Desse modo, a cidade tipo era uma federação de bairros e profissões, ao tempo que era uma associação de cidadãos. Por extensão havia municípios urbanos ou rurais que se uniam em ligas" (IV, p. 27).

Todavia, a cidade difere da comuna sobretudo por suas ligações com a burguesia comerciante e por suas consorciações. Junto à organização comunal desenvolve-se, assim, na cidade livre o movimento de federação entre artesãos de um mesmo ramo de indústria que se associam em ligas para a defesa da qualidade e da comercialização de seus produtos. A mais conhecida dessas ligas é a Hansa, criada no século XI. No século XII já se confederavam na Hansa 75 cidades. Seu poderio econômico vai ganhando progressiva expressão política, crescendo a liga em autonomia frente ao poder senhorial e eclesiástico a ponto de os mercadores fundarem escolas laicas em algumas cidades e introduzirem nas universidades o ensino científico separado do pensamento religioso.

Mas por esse fato a associação comunal não é duradoura na cidade. É que não tardou que a liga caísse no controle dos burgueses para com isso instalar-se o conflito de classes dentro da própria comunidade municipal. "No seio dos municípios se encontrava latente a 'luta de classes', como em nossos dias ocorre em todas as nações industriais. A guilda mercantil ou manufatureira era uma senhora rude em relação aos artesãos e tinha grande cuidado de impedir aos pobres a emancipação que lhe havia parecido legítima para si mesma" (IV, p. 75).

Esse quadro de conflitos que envolve feudos e comunas (senhores e camponeses) e feudos e burgos (senhores e burgueses e artesãos) é a raiz do Estado moderno. Seu aparecimento do século XIII ao século XVI é marcado pela conversão desses conflitos em confrontos mais amplos, com os burgueses da cidade assumindo a frente. A cidade vai ganhando vida própria. E, com ela, o Estado nacional em emergência.

O nascimento do Estado ocorre relacionado a estes conflitos e a guerras de formação de fronteiras. Mas orienta-o nesse nascimento a necessidade do estabelecimento de maior liberdade para a mobilidade territorial dos comerciantes, sobretudo internamente à circunscrição do seu território, fato nem sempre possível num mundo cheio de fragmentações territoriais, interdições e cobrança de tributos (apesar das interdições, todavia viaja-se e realizam-se trocas mercantis com frequência). As grandes cidades como Paris, Londres, Frankfurt, Viena, privilegiadas por sua posição geográfica, são a referência dessa movimentação, dentro e fora das fronteiras dos Estados nacionais em formação.

O movimento das Cruzadas é um exemplo dessas guerras, e compõe um elemento básico da formação dos Estados nacionais, seja em vista da demarcação dos limites da fronteira nacional, seja do implemento da mobilidade necessária à livre expansão do comércio entre as cidades. As Cruzadas são ações de conquista do Oriente que antecedem às experiências que servirão de base para as futuras ações de conquista do Ocidente. Quando a "segunda Roma" cai diante dos turcos otomanos, quebrando o laço dos europeus com seu berço histórico, estes reorientam sua bússola em direção do Ocidente, tanto o europeu quanto o que fica mais além. "Numa espécie de compensação, o triunfo dos cristãos no ocidente da Europa respondia à sua derrota nas comarcas orientais (IV, p. 235).

É assim que o nascimento do Estado moderno muda o desenho dos territórios. Bem como o centro de gravidade da Europa. Em particular, vemos deslocar-se lentamente o eixo central da vida europeia do Mediterrâneo para o Atlântico, levando a migrar consigo a cultura técnica por séculos acumulada no Mediterrâneo oriental, primeiro para as regiões ocidentais do Mediterrâneo (península Ibérica) e a seguir para o noroeste do continente (mar do Norte).

Os especialistas e sábios da técnica náutica, a experiência manufatureira, os centros de gravidade do comércio que saem em contínuos fluxos da Itália e dos países centrais (Polônia, sul da Alemanha) seguem no rumo da Europa Atlântica (países ibéricos, Flandres), que se enriquece na proporção do esvaziamento e declínio daquelas regiões. "Seguindo a lei do menor esforço, as forças vivas da Itália, que não encontravam emprego no oriente, tratavam de dirigir-se para o ocidente, e os melhores entre os marinheiros e pilotos, vale dizer, nesta ocasião os mais atrevidos e os mais aventureiros, vão buscar fortuna nos portos do oceano, Sevilha, Lisboa e até Bristol. Como a indústria maior das repúblicas italianas era o tráfego de gêneros e mercadorias, os marinheiros, que haviam chegado a ser demasiado numerosos para sua profissão, recorriam aos portos oferecendo seus serviços aos poderosos... É, pois, natural que os navegantes que tiveram a maior participação no descobrimento do duplo continente do oeste, Colombo, os exploradores das Antilhas e da 'costa firme', Cabot, o primeiro visitante da América do Norte depois dos normandos, foram um e outro filhos de Génova" (IV, pp. 236-7). O Mediterrâneo ocidental será, entretanto, um estágio, "um tempo relativamente breve, apenas um instante na história da civilização, o da primazia do comércio", no deslocamento definitivo do centro de gravidade no sentido da sua fixação no noroeste europeu, primeiro em Flandres e por fim na Grã-Bretanha.

Com isso, a cartografia se renova. Produzida até então por esses marinheiros e pilotos na forma de portulanos, sua renovação é um elemento primordial do movimento de constituição da nova forma de representação de mundo que está nascendo. Sua técnica será aplicada ao desenho de uma cartografia atlântica tão precisa quanto aquela com que então se traçara a detalhes as costas do trecho que vai do estreito de Gibraltar ao Cáucaso. Com base nessa técnica e no seu aperfeiçoamento, marinheiros e pilotos lançam-se à navegação do Atlântico, primeiro costeando a África. Vão surgindo e se multiplicando, então, a partir do século XVI, representações cartográficas mais globais da Terra, preparando e instrumentando os europeus para a conquista do mundo. "A ciência tomava posse da Terra, ainda antes de conhecê-la; prescrevia de antemão a seus operários o trabalho que haveriam de executar" (IV, p. 252).

Essa transformação de escala cria uma nova Europa, a caminho da construção da sociedade capitalista moderna. "Ao tempo que a força viva da Europa civilizada se aplicava ao descobrimento do mundo, aplicava-se também em seu interior na reconstituição social, em um grande sentimento de unidade humana, muito diferente da união fictícia obtida pela comunidade, puramente verbal, dos dogmas religiosos e pela hierarquia do clero católico... Os descobrimentos realizados na China e no Extremo Oriente pelos venezianos, na África e nas Índias pelos portugueses, depois no Novo Mundo pelos espanhóis e todos os navegantes da Europa Ocidental alargaram os limites do horizonte terrestre ao tempo que aumentaram o voo da imaginação e a audácia do pensamento; ocorreu o mesmo com a erudição pelo ressurgimento da literatura antiga que unia os séculos presentes aos séculos passados por cima das origens mesmas da Igreja" (IV, pp. 289-90).

A matéria-prima dessa mundivisão é o Iluminismo. Diante da razão iluminista, o homem surge como um ser histórico-natural ("O homem é a natureza adquirindo consciência de si mesmo", pensa Reclus, vendo o homem do Renascimento), e, assim, olhado não mais pelos olhos do céu, mas pelos da natureza se fazendo história. Desde o Renascimento, a ciência e a arte (em particular a pintura, a escultura e a arquitetura, mas sobretudo a arquitetura das igrejas, revelando a sensualidade corporal) emergem como o grande veículo de constituição da nova racionalidade. A razão não separa ainda a ciência e a arte. Por um lado, a ciência põe o conhecimento humano num novo patamar de intervenção. Por outro, a pintura e a arquitetura das catedrais que surgem como nova forma de arte no próprio ambiente religioso, ainda predominante, trazem uma forma de percepção nova em relação ao próprio homem ("A maldição que a Igreja cristã havia pronunciado contra o corpo, considerado como o assento de toda prisão vil, cessou de pesar sobre os homens"). Assim, seja na forma da ciência, seja na forma da arte, a razão inicia a transformação do mundo. As grandes navegações e a descoberta de novos continentes completam o circuito da razão. Vive-se um momento de grande transformação. "O grande século XV, o iniciador da civilização moderna, deve seu traço na história aos descobrimentos capitais do espaço e do tempo; do espaço, pela exploração da redondeza do globo na África e nas duas Índias; do tempo, pela ressurreição e reaparição das obras mestras da Antiguidade" (IV, p. 316).

Sobretudo, surge seja no plano conceitual, seja no plano empírico, uma nova forma de percepção e atitude de espaço e de tempo. "Desde todos os pontos de vista, a primeira circunavegação do mundo foi o acontecimento capital da nova era, a data por excelência que separa os tempos antigos do período moderno. Ao navegante português Fernão de Magalhães devemos a linha fundamental, o equador dos itinerários que une no seu conjunto todos os traços geográficos. Graças a ele, a Terra se constituiu como ciência e como unidade histórica dos homens, tudo se fazendo sob a forma de uma mesma ideia de estrutura geral das formas terrestres. É verdade que as consequências desta revolução se produzem com lentidão, de século em século, de década em década, de ano em ano, porém a história segue sua segura evolução, mesmo que reine a confusão aparente das gerações entremescladas" (IV, pp. 284-5).

A cidade, o Estado e o caráter econômico-político do novo espaço

Essa nova percepção de espaço-tempo é contemporânea do fim da propriedade comunal e do surgimento da propriedade privada capitalista, ao tempo que de uma nova forma de economia, numa interpenetração do desenvolvimento das trocas, da indústria e da nova imaginação do mundo (que se reforça com a invenção da universidade e da imprensa).

Esse caráter do novo que está nascendo recria, assim, o centro de gravidade de organização do espaço feudal, deslocando o centro de domínio do polo senhorial para o polo burguês urbano. A cidade se torna o epicentro dessa nova organização e de representação de mundo. É a um só tempo polo de comando e de difusão da nova forma. Recebe, ao tempo que redistribui, as movimentações territoriais de homens, ideias, moedas, produtos. Dirige o movimento de rearrumação dos espaços, o deslocamento do eixo de gravidade do Leste para o Oeste, os fluxos de migração pela Europa e desta para o mundo. E sedia as instituições do pensamento, de onde irradia a visão de mundo criada pelo mercado, pela ciência e pelas artes. De modo que dela é que brotam e saem os acontecimentos que alimentam explosões de todo tipo numa Europa ainda de todo rural.

A cidade é por isto também o centro de articulação e formação territorial do Estado nacional. De início o polo é estritamente ela. Depois, se funde e se confunde com o Estado-nacional, este a caminho de constituir-se num Estado-potência. Cidade e Estado se acoplando nesse mister.

Por isso, depois de localizar-se por curto período em Flandres, é na Inglaterra que se instala o centro de gravidade da nova arrumação geográfica do continente. O processo é, todavia, progressivo. "Durante o longo período em que os centros comerciais se fixaram na bacia do Mediterrâneo, Tiro ou Cartago, Bizâncio ou Siracusa, Veneza ou Gênova, a Grã-Bretanha parecia encontrar-se no extremo mais remoto da terra: seus promontórios, seus arquipélagos, voltados para as ondas do oceano tempestuoso, eram limites temidos que ninguém ousava flanquear. Porém, descoberto o Novo Mundo, feita a circunavegação do globo, a Terra ficou realmente redonda sob a estela dos barcos e o conjunto do mundo conhecido se deslocou em relação às ilhas britânicas; cessando de ser a Inglaterra o extremo limite das terras habitáveis, encontrou-se de repente, senão no verdadeiro centro, ao menos no meio de todo o conjunto geográfico das massas continentais. Nenhuma posição lhe era superior para os intercâmbios com o mundo inteiro" (IV, p. 488).

Essa emergência da Inglaterra ao centro é o desfecho do tumultuado período de tensões e guerras com que se fundam os Estados nacionais e do qual a Inglaterra sai como a grande vitoriosa, uma vez que "O tratado de Utrecht (1713) assegurou-lhe alta posição nos conselhos da Europa e aumentou em enormes proporções seu império colonial a expensas da França: deu-lhe a Nova Escócia, Terra Nova e os mares imediatos; entregou-lhe também a posse de Gibraltar, insulto permanente ao povo da Espanha, preciosa vantagem para uma nação de mercadores; e concedeu-lhe o direito exclusivo da importação de negros, em número de 4.800 por ano, nas Antilhas espanholas. A Inglaterra conquistou o monopólio da carne humana" (IV, p. 488).

Mas é a indústria que sedimenta a ascensão e ascendência da Inglaterra. É na Inglaterra que se inicia no século XVIII a revolução trazida pela introdução da máquina a vapor que da indústria se irradia para os transportes, dando origem à ferrovia e ao navio a vapor. Pondo-se na vanguarda da Revolução Industrial, a Inglaterra se converte na nação economicamente mais avançada no continente e sobre essa base lança sua hegemonia sobre os demais países europeus e a seguir sobre o mundo.

No começo do século XIX a Revolução Industrial migra para o continente e se irradia agora pela França e Bélgica, acirrando as disputas entre os Estados nacionais num embate continental em que se defrontam sobretudo a Inglaterra e a França. Desde o século XII a França disputa com a Inglaterra a hegemonia europeia. Antecipando-se ao resto do continente, a Inglaterra e a França formam desde essa época seus Estados nacionais e desde então se rivalizam num conflito de que resulta a prolongada Guerra dos Cem Anos. No decurso desse tempo constituem-se nesses países dois distintos modelos de organização de Estado, que cada país europeu irá copiar: o modelo inglês descentralizado e constitucional e o modelo francês centralizado e despótico. Influenciado pela revolução de 1789, o modelo francês passa a se apoiar na diversidade regional e na centralidade, instituindo um tipo de nação "una e indivisível" cujo pressuposto é um conjunto inovador de medidas de forte caráter uniformizante: cria um padrão nacional único de sistema tributário, transforma o sistema decimal no padrão único de pesos e medidas (nisso incorporando os mais notáveis avanços da Matemática e da Astronomia), substitui o calendário cristão por um novo sistema de tempo com uma nomenclatura dos meses que consagra a data da revolução e os fenômenos sazonais da natureza (que a restauração napoleônica, entretanto, irá suprimir, restabelecendo o antigo calendário baseado na hegemonia católica), introduz a educação sistemática (que a restauração irá basear nas normas do padrão disciplinar do exército: "a educação dada nas escolas, colégios e liceus devia preparar a que se dava nos quartéis"). E é esse modelo reestruturado que irá se irradiar para além da Europa no século XIX.

A propriedade privada, a dissolução das comunas e a nova relação homem-meio

Impulsionada pela intervenção da cidade e do Estado sobre a arrumação do espaço, nota Reclus, a indústria reorganiza a paisagem rural e inicia o processo que leva a natureza a modificar-se, doravante natureza e homem seguindo o mesmo destino.

Até o nascimento do domínio da cidade industrial no século XVIII predomina no mundo uma paisagem natural pouco modificada ao longo dos séculos. Desde a Antiguidade aumenta o poder da humanidade sobre a flora e fauna, sem que "as aquisições do homem em espécies novas de essencial utilidade tenham sido muito consideráveis" (VI, p. 234). Se bem que "como em toda evolução, a das relações do homem com as outras espécies viventes, vegetais ou animais, sofre certo retrocesso. O cultivo não se enriqueceu nem melhorou nesse longo tempo num movimento regular e contínuo. E em certas épocas, pelo contrário, empobreceu-se muito. Quanto à domesticação dos animais, é certo que a humanidade se encontra parcialmente em vias de regressão. Algumas espécies que teriam sido preciosas auxiliares foram destruídas..." (IV, p. 234). Na Idade Moderna o que era um acontecimento vira regra. Nas matas da África meridional, tomando um exemplo, destruiu-se "no espaço de dois séculos, talvez mais espécies de animais que as que o homem teria podido associar ao seu trabalho" (IV, p. 234). E em face dessa destruição, desde 1900 busca-se praticar a preservação de espécies através de parques e reservas e da permissão controlada da caça.

A colonização europeia está entre as causas iniciais dessa destruição acelerada. Com o início da ocupação das terras do Novo Mundo, o colono para ela desloca plantas industriais como a cana-de-açúcar, o café, a banana, o algodão, o chá, e introduz a exploração de plantas domésticas como o caucho. Cria-se um fluxo crescente de circulação de gêneros agrícolas e animais entre as áreas tropicais e a Europa cujo resultado é a dilatação do espaço das destruições. Em face do método da derrubada e queimada das matas que se usam para a realização das culturas, reduz-se a extensão da flora, da fauna e das matas virgens nas colônias rapidamente.

Mas é à instituição da propriedade privada que se deve a que a Terra deixe de ser "cuidada como um grande corpo, cuja respiração, efetuada pelos bosques, se regularia conforme a um método científico". Diante da sua instituição, "as antigas formas de propriedade, que reconheciam a cada habitante do município a igualdade de direito ao desfrute da terra, da água, do ar, do fogo, já não mais são que antigas sobrevivências em vias de rápida desaparição" (IV, p. 502).

Estamos diante da dissolução da antiga forma comunal de propriedade, que aqui e ali desaparece dentro do desenvolvimento da forma privada. Junto a essa dissolução vem o desalojamento e quebra do modo de vida comunitário, tanto das comunidades camponesas quanto das comunidades vegetais. Um profundo conflito então se instala: a instituição da propriedade privada muda as formas comunitárias de relação do homem com a terra, seja pela instituição da grande propriedade, seja pela extrema fragmentação do terreno em pequenas propriedades, e assim leva a que se reproduza a "eterna guerra" entre a propriedade feudal e a propriedade comunal, agora na forma da oposição entre a grande propriedade capitalista e a pequena propriedade camponesa, implantando-se, de um lado, a hostilidade de classes, porquanto "o *latifundium*, em sua essência, traz fatalmente consigo a privação da terra para a maioria: se alguns têm muito, é porque a maioria não tem nada" (VI, p. 300). E, de outro, a destruição das paisagens naturais através da introdução da agricultura de mercado pela grande propriedade, dando-se à natureza o mesmo destino dado aos camponeses despojados de suas terras.

O surgimento da indústria acentua e generaliza esse processo em escala de mundo. A indústria vai criar e explorar mercado em todos os lugares, estimulando numa escala generalizada a produção de matérias-primas e assim a substituição das paisagens naturais pela das atividades de mercado, desalojando plantas e homens de seus nichos geográficos para pôr no seu lugar suas formas de ocupação do espaço. E assim proletariza o camponês, ao tempo que comercializa sua terra e a natureza, empobrecendo o homem e a natureza num mesmo movimento.

A união da indústria e da finança

Entre o Renascimento e a Revolução Industrial tem lugar, assim, no continente europeu o longo período que conhece o fim da sociedade feudal e a implementação da sociedade capitalista e com ela a forma de conflito moderno.

A instituição do Estado e o nascimento da indústria são as fontes das tensões que caracterizam a sociedade capitalista. A instituição do Estado traz consigo o ideário nacional e o levante de homens e mulheres que nele se inspiram. E o nascimento da indústria dá origem e irradia a luta do operariado e o sindicalismo. O resultado é uma Europa conflagrada de conflitos – como a explosão popular de 1848, uma insurreição das classes trabalhadoras que ocorre de modo espontâneo simultaneamente por todos os grandes centros urbanos espalhados desde a Bélgica e a França até a Áustria, Itália e Alemanha –, que transformam o continente numa fonte de imigrantes em busca de novos ares na América e Londres num grande centro de exilados.

Na esteira desses conflitos crescem o poder da indústria e a sua união com a finança. E a integração, unificação e sujeição do mundo aos monopólios assim formados.

Inglaterra, França, Alemanha e Estados Unidos se reúnem num "sindicato de nações", criado para a prática de uma "triste solidariedade política agressiva" na qual as "grandes nações, obedecendo a suas tradições de rivalidade e de ódio, continuam a antiga política de conquista e anexação de privilégios e de monopólios e levantam uma muralha da China ao longo de suas fronteiras, sem abdicar de maneira alguma do velho direito de opressão e matança sobre seus súditos" (v, p. 301). Através desse "sindicato geral" agem a indústria e finança interligadas, deitando amplo domínio sobre o conjunto das terras e mares, levando para o mundo o cenário das transformações espaciais que até agora se limitara à Europa e reproduzindo em todos os cantos as relações do capitalismo. "Em cada país o capital trata de avassalar os trabalhadores, do mesmo modo que no grande mercado do mundo o capital, aumentado desmesuradamente, prescindindo de todas as antigas fronteiras, trata de fazer que a massa de produtores obre em seu proveito e de assegurar-se da clientela de todos os consumidores do globo, selvagens e bárbaros tanto quanto os civilizados" (v, pp. 308-9).

Nesse afã, o capital unifica todas as nações cultas por meio de uma "união postal universal para o transporte através dos continentes e mares de cartas e documentos, impressos e papéis de negócios, de amostras de comércio, e por último, para o pagamento de pequenas quantidades de dinheiro", formando uma "imensa teia de aranha por meio da qual estende seus fios sobre toda a superfície da Terra" e à qual a cada ano incorpora novos países (v, p. 306).

O mundo chega rapidamente à conta de 1,5 bilhão de habitantes. As migrações levam o povoamento a todos os continentes, cuja população cresce em grande ritmo. A maioria dessa população se acumula ainda nas áreas rurais, mas é a cidade a força moderna que agrupa milhares de homens em pontos restritos, ao redor de um mercado, um palácio, um fórum ou um parlamento. Camponeses despojados de suas terras ou pessoas que buscam nas pequenas povoações uma vida mais ampla se aglomeram "nas imensas cidades em montões de casas separadas, percorridas por uma rede infinita de ruas e esquinas, de avenidas e bulevares, sobre as quais pesa durante o dia uma cúpula acinzentada de fumaça, e pela noite se eleva um resplendor, que ilumina o céu" (v, p. 358). Mas "Londres e seus subúrbios bastariam para conter todos os habitantes da Terra".

Junto com a expansão da indústria, "O carro da história que não para de rodar". A cidade cresce em importância. Acolhe tanto camponeses aos quais a dissolução do sistema de vida comunitária não deixou senão a alternativa do êxodo quanto ao intelectual que nela vê o símbolo do progresso. E vira o símbolo do progresso. "Quando aumentam as cidades, a humanidade progride, quando diminuem, o corpo social ameaçado regressa à barbárie". Ao lado e em função dela, a rede de circulação se multiplica, encurtando as distâncias. Até então, se as condições do terreno favoreciam, as cidades se distribuíam e se distanciavam segundo o "ritmo das populações, a cadência natural calcada na marcha dos homens, dos cavalos e das carruagens", de modo que "o viajante que atravessasse a França encontrava alternativamente uma vila de simples descanso ou uma cidade de completo repouso: a primeira bastava ao pedestre, a segunda convinha ao cavaleiro" (V, p. 366). Isso muda com o advento da ferrovia, que faz a cidade se multiplicar e levar o raio de influência da indústria e da finança a alcançar a escala dos continentes. Através dela, "A casta financeira que reina de Moscou a Liverpool faz trabalhar governos e exércitos com uma disciplina perfeita" (VI, p. 182).

O espaço do capital e seus descontentes

Nesse mister de organizar o espaço em seu proveito, a indústria e a finança unidas a tudo submetem.

Submetem o camponês proletarizado à exigência do trabalho assalariado e da divisão do trabalho que lhe impõe a especialização, o sujeita ao "sistema do maquinismo" e o transforma em um complemento da máquina. Assim, reduzidos "à triste condição de roda viva das máquinas, foguistas, fiadores, costureiras e cardadores, condenados a repetir o mesmo movimento milhões e milhões de vezes, chegam a não ter senão a aparência da vida; a raça fica atacada em seu princípio, uma vez que as mulheres, os filhos, todos aqueles a quem a debilidade física obriga a contentar-se com salários insuficientes, estão destinados a essas tarefas de estupidez e de depauperação. Quantas cidades e comarcas há cuja população perdeu em beleza, em força e em inteligência, em alegria e em moralidade! Respirando durante as belas horas do dia, e às vezes nos turnos da noite, durante as horas roubadas ao sono, um ar impuro e até envenenado, absorvendo um alimento com frequência insuficiente, quase sempre mal preparado, milhões de criaturas dispersas por nossos países civilizados não têm mais que uma vaga semelhança com a raça humana. Quantas famílias murcham, se empequenecem e se enfeiam, roídas, abrasadas pela miséria, pelo excesso de trabalho e bebida, numa existência desnaturada!" (VI, pp. 334-5).

Submetem a cidade. A indústria localiza-se nas áreas das jazidas carboníferas ou nas áreas portuárias onde recebe a matéria importada, como o algodão dos Estados Unidos ou o minério de ferro da Suécia. A seguir, se propaga acompanhando a expansão das vias férreas, que se irradiam entre as minas de carvão, os portos e as grandes cidades. Aí, cria e impõe sua paisagem urbana típica, poluída e proletarizada. "As cidades industriais se estreitam nas imediações dos poços mineiros; a população se agrupa ali em multidões espessas sobre um solo enegrecido por restos de carvão, sob um céu fuliginoso, onde mal se descobre o sol". Com a descoberta do uso da hidreletricidade, surgem condições novas e mais abertas de localização. Então, "a indústria começa a deslocar-se" com mais liberdade, e com ela a cidade.

Submetem a natureza. A indústria ocupa os velhos espaços e erradica suas paisagens rurais. "Mas, ai!, a natureza muda ao mesmo tempo: as torrentes se canalizam, as cascatas desaparecem ou se reduzem a meros filetes sobre rochas que antes massas potentes de água haviam desgastado, redes de fios se entrecruzam no ar, muitas regiões de montanhas perdem sua majestade solitária para converter-se em formigueiros humanos que atacam de modo brutal devastando por perfuração os flancos das montanhas sem cuidado com a beleza" (VI, p. 340).

Submetem a circulação. Mola da "grande explosão do imperialismo britânico", a associação indústria-ferrovia se propaga difundindo mundo afora o sistema social do mundo industrial. Assim, "pode-se até dizer de uma maneira geral que o território da máquina operária se estende ao mesmo tempo que a rede das ferrovias; se expande a cada volta da roda da locomotiva sobre cada via que se inaugura" (VI, p. 344). Em cada canto, a ferrovia se antecipa e chega à frente, criando "todo um instrumental da grande indústria antes de possuir uma classe operária". Esse é o caso da Rússia, onde "a fábrica apareceu de uma maneira tão brusca, que a indústria e a agricultura ainda não haviam podido separar-se". Aí, à diferença da Europa Ocidental, o operário, ainda não arrancado à terra, "entra na condição de proletariado industrial antes de haver saído do estado de proletariado rural" (VI, p. 345).

Todo esse processo desemboca numa crescente concentração monopolista de que a economia dos Estados Unidos é o melhor exemplo, porque é onde "o fenômeno se desenvolveu em toda sua amplitude; ali, o sindicato da indústria é a regra; o aço, o cobre, as ferrovias, o petróleo etc., têm o seu rei, mais poderoso que muitos príncipes coroados. Um grupo de arquimilionários intervém na produção, na distribuição e, sobretudo, na política, e até no que existe de mais elevado na humanidade, a ciência e a arte" (VI, p. 346). Assim como na Europa, nos Estados Unidos o monopólio leva a miséria e a fome ao proletariado.

Há, então, uma tal dissociação social nessa economia que concentra a riqueza em mãos de poucos com o bem-estar público, que chega a soar ofensiva a palavra superprodução, "que pode responder certamente a uma incontestável desgraça ou até a um desastre para determinado chefe de indústria que busca um mercado, quando tomamos em sua acepção natural. Mas é o cúmulo do absurdo falar, a propósito da agricultura, da superprodução de cereais, quando milhões de homens carecem de pão" (VI, p. 358). Podem, portanto, os operários reduzir sua luta a uma simples luta de classes, os sindicatos se despreocupar dos não sindicalizados, deixar-se de lado todo um círculo social de pessoas, "ladrões, prostitutas, vagabundos e miseráveis que têm direito ao renascimento moral, a uma sã educação e ao bem-estar"?

Por fim, submetem o mercado. A evolução das trocas é uma das causas do monopólio. Os meios mais velozes de transporte (a viagem de 18 dias que em 1830 se fazia de Paris a Argel faz-se em 1905 em 26 horas; a tarifa da tonelada quilométrica caiu de 12 para 4,5 cêntimos entre 1845 e 1901) são o esteio de uma competição mercantil cada vez mais forte entre os capitalistas, que deixa pouco campo para os pequenos. O tempo é o do grande comércio, apoiado em grandes armazéns para onde convergem objetos de todos os cantos do mundo. "Há mercados em Londres ou em Paris que contêm mais riquezas que as que levavam todas as caravanas do passado e se vendia em todas as feiras do mundo; cada dia os trens das vias férreas fazem entrar nas cidades mais clientes que os que podiam reunir-se em Bucareste, Leipzig ou Novgorod". Uma "grande revolução comercial" ocorreu por conta da "rede das ferrovias, dos telégrafos e dos telefones (que) vibram constantemente para transportar mercadores e transmitir suas ordens de cidade em cidade e de continente a continente" (VI, p. 365). E esse fluxo só não é mais intenso devido à política protecionista aplicada pelos governos de olho no tesouro e na proteção dos grupos, mas "em prejuízo da iniciativa individual".

Entende-se assim que a sociedade moderna, fundada na ideia do progresso industrial, carregue consigo uma grande ambiguidade. A dissolução dos antigos laços comunitários numa humanidade socialmente segmentada e contraposta por fronteiras nacionais retraiu o estado livre e fraterno existente entre os homens daquelas sociedades comunais primitivas. Se houve progresso, dele o homem ficou fora.

Nesse mundo de monopólios, a vida comunitária da pequena agricultura, da pequena indústria e do pequeno comércio encontra-se "absolutamente condenada", restando-lhes reunir sagazmente "sua vontade e o conjunto de suas forças e recursos" no sentido de um "socialismo reivindicativo".

Vidal de La Blache: civilização e contingência em *Princípios de geografia humana*

Princípios de geografia humana é a obra póstuma de Paul Vidal de La Blache (1845-1918), publicada em 1922, poucos anos depois de sua morte em 1918. A edição em português de que nos servimos é de 1954, da Edições Cosmos, Lisboa.

Pensador seminal da Geografia moderna, sua obra é concentrada em alguns poucos livros, a destacar-se *La Terre. Géographie physique et económique*, de 1883, *Atlas général, histoire et géographique*, de 1894, *Tableau de la géographie de la France*, sua obra *mater*, de 1903, e *A França de Leste*, de 1917.

Princípios de geografia humana está dividido em três partes – "A distribuição dos homens", "As formas de civilização" e "A circulação" –, nas quais Vidal de La Blache expressa um claro objetivo de propor suas ideias de uma Geografia da Civilização. Por isso, o nexo discursivo do livro é formado pelas categorias da civilização e do gênero de vida, inspiradas no conceito de contingência.

Os homens no globo

O homem, diz Vidal de La Blache, é um ser ubíquo na superfície do globo. E esse fato tem um fundo primitivo na descoberta do domínio do fogo.

Fenômeno cujo significado é o de ser "o primeiro passo na emancipação do homem da servidão do ambiente" (p. 61), a descoberta do domínio do fogo é o ponto de partida da difusão do homem pela superfície terrestre e da sua atual ubiquidade. O fogo serve de arma de ataque e de defesa, à iluminação, para cozinhar os alimentos e favorecer a substituição da cobertura vegetal pelos cultivos sobre queimadas. Está assim entre as origens da agricultura.

O surgimento da agricultura é um segundo elemento histórico fundamental na fixação e difusão do homem pelo mundo. A agricultura organiza o espaço com base na prática da domesticação e aclimatação das plantas e animais, que doravante se difundirão junto com a difusão dos homens, e a seguir com a invenção da ensilagem e do enceleiramento, uma vez que com estas duas medidas o homem aprende a acumular e a fazer reservas de alimentos e sementes. Com ela, o homem se sedentariza, se fixa e se adensa territorialmente. E se diversifica a repartição do homem na superfície terrestre segundo a diferenciação dos seus gêneros de vida.

Ao surgimento da agricultura se junta ao pastoreio. Mas à diferença da agricultura, a atividade pastoril organiza seu espaço com base numa itinerância constante, seja nas disposições relativas às passagens das tribos pastores, nos reabastecimentos de água, nos percursos, e em "tudo que exige a posse regular de um vasto domínio pastoril" (p. 71).

O domínio do fogo e a prática da agricultura e do pastoreio alteram a relação ambiental dos grupos humanos ("o homem não age nem vale geograficamente senão por grupos"). Através desses três elementos, o homem muda o meio, ao dar-lhe novas formas de configuração espacial. E o faz de modo diferenciado segundo a agricultura e o pastoreio. Uma primeira diferença refere-se à desigual densidade de povoamento entre esses dois gêneros de vida: a agricultura concentra os homens, ao passo que o pastoreio possui baixas densidades. Uma segunda relaciona-se à desigual extensão do espaço necessário a este povoamento ("suprindo a insuficiência pela extensão, geralmente são os grupos mais indigentes que reclamam mais espaço"). Uma terceira refere-se ao perfil das respectivas formas de configuração. Todavia, fraca densidade não significa nem ausência de riqueza, nem ausência de raiz territorial, fatos que se podem apreender tanto no território da agricultura quanto no do pastoreio. Todavia, esses gêneros de vida diferenciam-se mais por seus diferentes ambientes: a agricultura ocupa a floresta, o pastoreio as savanas, assim como a pesca se faz nos ambientes litorâneos.

Nos pontos de contato desses ambientes e seus gêneros de vida desenvolve-se a atividade das trocas, aí surgindo a cidade, onde vão formar-se centros de maior densidade. Daí vermos as trocas ocorrerem no contato da floresta com a savana, da montanha com a planície e do continente com o mar.

Nessas diferentes ambiências é que os grupos humanos vão criar suas culturas, cada grupo humano distinguindo-se por suas raízes e identidades culturais. Mas são diferenciações que mal escondem fundos comuns da semelhança, a exemplo dos ritos cerimoniais da vida e da morte, que encontramos constituindo a base da geografia de todos os povos, seja qual for o meio natural e gênero de vida.

É assim, com suas semelhanças e diferenças, que os homens se difundem pela superfície do globo. Obedecendo a uma "lei da necessidade", se adensam mais nalguns pontos que noutros, entre os quais deixa que se formem grandes intervalos vazios por longo tempo. Isso porque a difusão não se faz como uma nódoa de azeite, mas por enxames, multiplicando-se "à maneira das abelhas, mais do que por aglutinação". Assim, "Quando a colmeia está repleta, os enxames saem dela: é a história de todos os tempos" (p. 83). Então, "o excedente de população não busca transbordar para os espaços vazios que existam na vizinhança, (e sim para) grandes distâncias, à procura de um meio análogo àquele que fora constrangido a deixar". É ao formar, ao longe, "postos avançados" que essa difusão por enxames dá origem a espaços descontínuos.

As "áreas-laboratórios" e a formação das grandes civilizações

Foi dessa maneira, diz Vidal, que os homens criaram os primeiros polos de povoamento, que, "aproveitando de condições favoráveis, atuaram como laboratórios para a formação das raças destinadas mais tarde a expandir-se e a desempenhar a sua missão no mundo", formaram suas civilizações e ocuparam a superfície terrestre (p. 84).

Cada "área-laboratório" funcionou como uma "oficina de civilização". As "áreas laboratórios" são, de início, pequenos centros de pequena densidade que geram e recriam experiências que vão sendo acumuladas no tempo, que uns trocam com outros, temperando a cultura que irá cimentar as grandes civilizações. Enquanto alguns desses centros caíam no isolamento e atrofia, outros entravam em intercâmbio e coalescência, quando então formavam grandes unidades de área "como muitas das que hoje encontramos na Europa e que só a detalhada pesquisa documental, etnográfica e cartográfica é capaz de reconstituir" (p. 75).

O intercâmbio das experiências acumuladas pelos homens em sua relação com os seus diferentes meios foi assim uma peça básica na evolução civilizatória. De modo que é por força desse intercâmbio que "as relações entre a terra e o homem esclarecem-se acima dos localismos".

Nessa relação com o meio, em que é "ao mesmo tempo, ativo e inativo", "tudo no homem é contingente". Por isso, as determinações de sua distribuição na superfície do globo são fluidas, as fixações sendo sempre dinâmicas e cambiantes. E também por isso se compôs um quadro da distribuição dos homens no globo, que, no geral, pouco se alterou desde os tempos longínquos até os nossos dias.

Depois de haver adquirido a configuração que conhecemos, essa distribuição estabilizou-se no seu conjunto, e desde então a população mundial "cresceu menos em extensão do que se desenvolveu em profundidade" (p. 67). Afora o povoamento do continente americano, os demais continentes só conheceram basicamente alterações regionais, ao tempo que a sua população "aumentou perigosamente".

Entretanto, a arquitetura dos arranjos não surge de pronto. No Extremo Oriente asiático, por exemplo, os centros de densidade formaram-se espontaneamente em áreas de terras mais altas e menos servidas de água, plantas e animais, e não nessa "mesa posta" que são os deltas, cujas riquezas irão atrair a humanidade, mas ao preço de um exaustivo trabalho de conquista e longo acúmulo de experimentações de formas de domesticação, até se conseguir o domínio das "terras anfíbias".

Três grandes núcleos de civilização polarizam a difusão que leva à formação da atual armadura da distribuição geral do homem no globo: o vale do Nilo, o vale da Mesopotâmia e o vale do rio Amarelo. Entre eles, pontilham aqui e ali os vários e dispersos centros de densidade que se aninham aos pés das cordilheiras da Ásia Central e Oriente Médio.

O ponto de partida é a faixa de solos de loess que se estende da Europa Central até o norte da China, ao longo da linha do paralelo 40 (antigo limite das geleiras). Distribuídos nessa faixa, pequenas "áreas-laboratórios" vão se formando de modo disperso nos sopés das vertentes setentrionais dos enrugamentos eurasianos, ganham aí experiência e fazem a ligação e o intercâmbio que os irá aglutinar naqueles três grandes polos. Daí saem, por exemplo, os grupos que se dirigem rumo aos grandes aluviões da China subtropical, para, em ondas sucessivas, prosseguirem rumo ao sul, às regiões monçônicas da Índia e arquipélagos quentes e aí fundarem as civilizações do Oriente. Por sua vez, rumando para oeste, saem desses centros os grupos que chegam ao Mediterrâneo, de onde transporão os Alpes para atingir as regiões centrais e do noroeste da Europa e formar a civilização do Ocidente.

Por isso que os grandes deltas escalonados do Nilo ao rio Amarelo e dispostos ao longo das terras tropicais e subtropicais do paralelo 40 vão ser os grandes centros de irradiação dos povos rumo à atual distribuição da população no mundo.

O exemplo da China ilustra os demais exemplos. Na China são os povos do Oeste que trazem consigo para os aluviões do rio Amarelo suas técnicas agrícolas de pequenas "áreas-laboratórios" e daí as difundem por todo o extremo asiático oriental, aperfeiçoando-as e ampliando-as progressivamente diante das novas e maiores exigências das forças naturais dos grandes "espaços anfíbios". Por isso, "é evidente o laço de parentesco da cultura chinesa com as culturas desabrochadas nas vertentes da Ásia Central: a mesma habilidade em distribuir por uma rede artificial as ribeiras de algum declive; o mesmo jeito habilidoso na combinação das culturas dos planaltos com as dos vales" (p. 98). E também por isso é que "a conquista de vastas superfícies não se fez na China em grandes saltos — como pôde ser feita, no nosso tempo, nos Estados Unidos —, mas passo a passo, cuidadosamente, conforme o gênio escrupuloso e os hábitos atávicos da raça. É sensível uma progressão gradual, seguindo os cursos de água na direção em que, cada vez mais, se rasgam os horizontes e se afastam as montanhas. Um céu menos avaro de chuvas, um solo em que a terra amarela se esboroa e se dispersa em aluviões, acolhe no Ho-nan, província intermédia entre as duas regiões da China, Catai e Manzi, os emigrantes vindos do oeste ou do norte" (p. 101).

O mesmo se dá com a Europa, no que se refere às culturas arbustivas e arbóreas que fazem o Mediterrâneo (a "terras das plantações") contrastar com a Europa Central (a "terra das sementeiras"), com suas culturas de cereais. De modo que em seus estudos da civilização europeia "Os observadores que desde a Antiguidade clássica se preocupavam com os problemas de civilização notaram perfeitamente que este tipo de cultura não era uma criação elementar e espontânea, mas a expressão de um progresso, de um grau de vida superior. Como todos os progressos desse gênero, foi uma obra de colaboração que se transmitiu por via de contato e de influências, conforme a analogia dos climas lhe permitia. A origem e o centro de propagação deste modo de vida podem procurar-se sem hesitação na zona do domínio do mediterrâneo confinante com as grandes sociedades antigas do Eufrates e do Nilo" (p. 133).

A ocupação dos espaços fez-se, assim, numa progressão descontínua, mas lenta e gradualmente, até atingir os lugares mais distantes da superfície do planeta. Mais concentrado aqui e mais disperso ali, o homem vai espalhando sua civilização e povoando o globo por inteiro.

A contingência, os gêneros de vida e as formas de civilização

"A densidade da população está ligada aos problemas dos modos de vida", nota Vidal (p. 156). E esses modos de vida se ligam ao meio geográfico. Assim, a distribuição dos homens resulta de um certo estado cultural de sua relação com esse meio.

O meio geográfico é um todo diverso de seres, coisas e homens que coabitam um mesmo espaço. A coabitação é aí o aspecto fundamental, uma vez que "No ponto de vista geográfico, o fato de coabitação, quer dizer, o uso em comum de certo espaço, é o fundamento de tudo" (p. 156).

A coabitação, um estado coletivo em que "cada coletividade obedece às suas próprias necessidades", se baseia na adaptação e na "cumplicidade dos hábitos". E a criação dos hábitos por sua vez se apoia na sensibilidade. A sensibilidade, uma relação com o meio que varia para cada espécie, é limitada nos vegetais por sua fixidez no solo, mais ampla nos animais em face de sua locomoção e mais ampla ainda no homem por força do seu cérebro. Através da sensibilidade de adaptação, cada ser vivo busca aperfeiçoar sua relação com o meio, agindo de acordo com a condição de relacionamento sensível de que dispõe, o homem desenvolvendo-a e aperfeiçoando-a por meio da intervenção técnica.

"Podendo dispor dos braços para alcançar e dos dedos para modelar a matéria, criou o instrumento", reside aí a diferença do homem na sua relação com o meio. O resultado é o modo de vida, uma forma de estruturar sua existência que o homem realiza através seu gênero de vida, gênero que varia de acordo com a criatividade do homem em relação ao meio.

O gênero de vida depende da técnica e do quadro de intercâmbios do homem entre si e com o meio. Por intermédio da técnica é que os grupos humanos intervêm em seus diferentes meios geográficos, com ela estruturando um gênero e modo de vida que atua na superfície terrestre como um "novo princípio de diferenciação", o primeiro sendo o natural-climático. O modo de vida é a síntese. "Com o auxílio de materiais e elementos tirados do meio ambiente (o homem) conseguiu, não de uma só vez, mas por uma transmissão hereditária de processos e invenções, constituir qualquer coisa de metódico que lhe assegura a existência e lhe organiza um meio para o seu uso. Caçador, pescador, agricultor – ele é tudo isso graças a uma combinação de instrumentos que são sua obra pessoal, sua conquista, aquilo que ajuntou por sua iniciativa à criação" (p. 172).

O gênero e o modo de vida encerram, pois, um "algo mais", "certos sinais de raças, vindos de longe, distintos dos que podem ser explicados pelas condições atuais", "vagas de fundo" que volta e meia despertam para contraditar as línguas, os quadros políticos (o Estado), as cidades ("cilindros de nivelamento"), "causas que conspiram para as amortecer", "germe étnico", "aquilo que séculos longínquos acumularam em nós" (p. 173). Um algo que expressa a condição de um ser contingente do homem.

A civilização pode ser vista como um todo de gêneros de vida. No âmbito da civilização cada gênero de vida se distingue e se identifica por aspectos essenciais como a habitação, o vestuário, o armamento, o regime de alimentação.

O regime da alimentação é o mais sobressalente desses aspectos essenciais conferido pelos gêneros de vida às civilizações. Forma mútua de relação de adaptação ambiental, mais tenaz e mais permanente que outras como o vestuário, o armamento, a habitação, todas criadas a partir de material recolhido do meio local, o regime alimentar não está sujeito como aquelas outras a modificar-se pela influência dos intercâmbios comerciais. Mais que a forma de habitação, por exemplo, o regime alimentar se firma e se entranha no temperamento do homem pelo hábito, a ponto mesmo de tornar-se um critério de classificação das civilizações. Há, assim, o regime alimentar do tipo mediterrâneo, que fundou a civilização do sul da Europa, alicerçada nas plantações em terraços de árvores e arbustos (vinha, oliveira, figueira) a cuja sombra vicejam culturas menores (trigo, cevada, favas); o regime do tipo europeu central, onde a invasão de culturas mediterrâneas, aqui trazidas pelos fenícios, reforça a civilização da cultura de cereais e da criação de pequenos animais (porcos), há séculos praticada por uma incrível diversidade de povos que, vindos do Leste e do Oriente Médio, avançaram e se fixaram nas florestas centrais do continente através da passagem fluvial do Danúbio; o regime do tipo europeu ocidental, cujas terras mais frias e úmidas fazem as culturas do Sul cederem lugar ao domínio dos cereais (trigo, cevada, centeio e aveia), das culturas forrageiras e da criação de gado bovino (fonte de fornecimento permanente de carne e laticínios), residindo na associação entre culturas e criação a característica histórica da civilização desta região do mundo; o regime do tipo americano, com raízes fundadas no milho, aqui associado à batata (Peru) e acolá ao feijão (México), que instrumenta a civilização que inicialmente coloniza o continente, do altiplano andino às planícies centrais dos Estados Unidos, e cuja migração irá revolucionar o regime alimentar e os sistemas de cultivo europeus após a descoberta das Américas; o regime do tipo asiático, por fim, celebrado na minuciosa cultura do arroz, um ecossistema quase-natural plantado pela meticulosa e numerosa mão do homem oriental nas terras aluviais do Extremo Oriente asiático, dominando essas terras de modo tão absoluto que mal a compartilha com outras culturas, como legumes e milho miúdo na Índia, a pequena criação (patos e porcos) e soja (ao norte) na China e pesca e chá no Japão, marcando as características de suas civilizações.

Marcas fortes dos diferentes gêneros e modos de vida, a vinha, o trigo, o milho e o arroz são, pois, "culturas de civilização", plantas aclimatadas que o homem carrega consigo em sua migração, difundindo-as (as culturas mediterrâneas são originárias do Oriente Médio; o trigo, originário das áreas secas; e o arroz, originário das áreas montanhosas ambos da Ásia Central) para além do seu meio originário.

As formas de habitação são uma outra característica identificadora dos gêneros e modos de vida de uma civilização. Seu material de construção é uma expressão igualmente exemplar dos elementos do ambiente local: a terra na zona árida, a pedra na região mediterrânea, a madeira nas áreas florestais. Às vezes usados de modo exclusivo (como a madeira no norte e a pedra no sul da Europa) e às vezes de modo combinado (como a terra com o adobe na zona árida; a pedra com a madeira no Ocidente e centro europeus), esses materiais impregnam as habitações de sentidos tempo e espaço, criando em cada civilização o sabor metafísico que lhe emprestam os seus lugares: a dureza da pedra fala da duração, da memória permanente, enquanto a fragilidade da terra ou da madeira fala da leveza, do transitório, do passageiro.

Ocorre, todavia, que, depois de consolidar-se, as civilizações passam a viver seus problemas. Em busca do aperfeiçoamento, elas evoluem desigualmente:

há as que estagnam em plena marcha de progresso e há as que avançam sempre. Em geral, as primeiras são as que se fecham e as segundas as que se abrem ao intercâmbio com o exterior.

Estagnam as civilizações que sob a prisão da própria harmonia alcançada se fecham e repetem sem modificação os mesmos processos de cultura. Param desse modo no tempo e só uma "força externa" pode subtraí-las dessa "atração para a inação", dessa "tentação do torpor", e nelas reativar a ação criadora que se aloja oculta "no recôndito da alma humana" e que "não age ao acaso quando soar a hora" (p. 182).

Progridem as civilizações que não se fecham às inovações vindas de fora. Mas, mesmo aqui, a absorção não é pacífica. Os gêneros de vida são adversos e a elas se opõem fortemente. Mas cedo a pressão das necessidades age e vence as resistências às novas invenções.

Exemplo clássico disso nos é dado pelo Império Romano, cuja civilização resultou da convergência de focos distintos nascidos no espaço circunscrito pela Europa, Ásia Ocidental e África do Norte, onde o entrecruzamento de um quadro geográfico contrastado de terras e mares, planícies e montanhas, estepes e florestas, estimulou a formação de um microcosmo de gêneros de vida e assim o estabelecimento do intercâmbio. A civilização europeia é a herdeira final desse sincretismo.

O habitat *e o arranjo do espaço*

O *habitat* (a disposição da cidade, da aldeia, das quintas, das casas) é para Vidal de La Blache um elemento descritivo essencial da relação do homem com o meio geográfico. E ao mesmo tempo o elemento que confere identidade às formas de vida dos grupos humanos ("os estabelecimentos humanos dão expressão ao país").

Os aspectos do arranjo são o destaque descritivo da forma do *habitat*. O sítio é o primeiro elo de correspondência do *habitat* com o meio geográfico, os gêneros e os modos de vida. O sítio relaciona-se ao modulado do terreno, aos recursos naturais e à extensão. Os grupos humanos tendem a procurar o sítio favorável e a só aceitar o de condições adversas em circunstâncias próprias, como no caso da busca de segurança. Há sítios permanentes e sítios efêmeros, dependendo do patrimônio e das realizações acumuladas no local.

Através do sítio os homens organizam os espaços do seu âmbito circundante. Tudo de acordo com um princípio de combinação. A escolha da posição dos sítios (referência das relações entre os lugares) favorece ou não as combinações. O campo na Inglaterra, onde organizados em círculos concêntricos ao redor da aldeia sucedem-se os campos de cultura, prados e por fim as pastagens, é o melhor exemplo.

O sítio define a forma de repartição territorial dos estabelecimentos humanos centrados nos *habitats*, seja o *habitat* disperso, seja o *habitat* concentrado. O *habitat* disperso é "como uma poeira de habitações a cobrir o solo". Já no *habitat* concentrado as habitações se reúnem num só ponto, de modo que num só golpe de visualização do horizonte se podem ver ao mesmo tempo os vários campanários da aldeia.

Pelo sítio pode-se ver como o aspecto das condições do solo, da hidrografia e do clima, bem como de uma estrada, influi, embora não de maneira absoluta, no modo de organização do *habitat*. Como que numa "lei natural", uma inflexão das vertentes ou uma interseção de um plano inclinado favorece a aproximação e concentração das habitações. As aldeias surgem localizadas em alinhamento nos pontos de contato geológico, topográfico, de vegetação, propagando-se semelhantemente a como ocorre com os corais. O mesmo se observa quando se trata de uma estrada ou um curso de rio. A compartimentação do relevo montanhoso atomiza as aldeias num *habitat* disperso. Já a extensão aberta da planície favorece, a depender, ora a aglomeração, ora a dispersão das aldeias, que nela distribuir-se-ão como num tabuleiro de xadrez. A uniformidade do relevo e do solo pode estimular o princípio da combinação, centralizando num ponto e esvaziando noutro a organização da exploração do solo.

Expressão do meio e dos gêneros e modos de vida, a forma do *habitat* por sua vez reforça-lhe o arranjo das características. O *habitat* concentrado fortalece a solidariedade dos agrupamentos no trabalho e no intercâmbio. O *habitat* disperso sobrepõe os particularismos à centralização. O *habitat* concentrado valoriza os grandes espaços homogêneos. O *habitat* disperso realça a descontinuidade, os retalhos variados, o consorciamento intestino entre plantas e criação, o refúgio das habitações sob as árvores dos pomares. O *habitat* concentrado tem seus pontos próprios de aglutinação, seus centros de vida. O *habitat* disperso precisa buscá-los num mercado, numa igreja, numa referência externa.

A força espacial da circulação

O arranjo do espaço é móvel, em decorrência da ação dinâmica dos meios de circulação. A possibilidade do estabelecimento do intercâmbio ou a quebra do isolamento ou a estagnação de uma civilização está relacionada ao invento dos transportes e meios de comunicação. Por isso desde cedo os grupos humanos se empenham em criá-los e desenvolvê-los.

A facilidade de vencer distâncias aumenta os contatos, o intercâmbio, a criatividade inventiva, o uso de objetos de proveniência longínqua, a migração, o progresso das civilizações. A passagem dos povos europeus ocidentais à idade dos metais está relacionada à história dos seus meios de intercâmbio e comunicação.

A história das comunicações praticamente inicia-se quando a tração animal combina-se com a descoberta da roda como meio de deslocar o fardo, num fato que provavelmente tem lugar em regiões de topografia plana e vegetação aberta, aspectos favoráveis ao uso e generalização do emprego desses meios. Certamente, são regiões situadas na longa diagonal da zona temperada que atravessa o antigo continente, cujos pontos de água, rebanhos errantes de animais suscetíveis de serem adaptados ao transporte (cavalos e camelos) e bandos esvoaçantes de aves selvagens propiciam o florescimento e o bafejo dos intercâmbios.

A evolução das vias de comunicação revoluciona as formas do arranjo do espaço. Primeiro são as estradas de terra, que vão brotando das linhas de mobilidade que flanqueiam os obstáculos, rios, pântanos, montanhas. Nas regiões acidentadas são elas as trilhas de animais de carga, onde o fardo é transportado no dorso dos animais. Já nas grandes extensões planas dos continentes elas são os caminhos de carretagem trafegados pelos comboios de carros puxados pelos animais. Frequentam-nas mercadores, guerreiros, peregrinos. O tempo vai semeando "germes de vida" nas suas margens: casas, lugarejos, aldeias, cidades.

Na Antiguidade o auge é atingido com as estradas romanas, que, expressando o intento político e econômico de controle dos territórios, são vias empedradas e organizadas em rede por meio das quais a circulação cobre em caráter regular e permanente o todo do Império.

Na Idade Média, de início a circulação é praticamente continental, valorizando as regiões centrais. Quando o mar é incorporado ao tráfego, os eixos de circulação se deslocam do interior do continente para a periferia costeira e as regiões centrais iniciam seu declínio e isolamento. Estamos diante do processo em que a estrada multiplica as feiras e cidades, fixa mercados, diferencia e redistribui as relações regionais.

Com o surgimento do Estado moderno, estes incorporam a estrada como sua função, usando-a para os fins de moldar a unidade nacional do seu território, integrá-lo, dinamizar as interações entre os lugares.

Mas é com a ferrovia que vem a transformação. Com ela, dá-se a "grande revolução geográfica". A ferrovia reforça os velhos caminhos. Em muitas regiões ela põe-se a coexistir com eles, em outras os destrói, acentuando o seu poder remodelador dos espaços. Que, então, diferenciam-se ainda mais. Regiões de velhos burgos plantados de distância em distância à beira das velhas estradas desaparecem ou então se põem a coexistir com regiões novas ou renovadas pela ferrovia.

Essa vitalidade da ferrovia relaciona-se ao seu papel de abertura de caminho para a instalação dos grandes empórios urbanos. A ferrovia nasce como um aspecto orgânico das grandes forças que desencadeiam o desenvolvimento da indústria moderna. Primeiramente, aparece relacionada às necessidades de locomoção no interior das minas de carvão. Com a invenção da máquina a vapor, vai aparecer relacionada à movimentação de matérias-primas pesadas no local das áreas industriais. A ferrovia surge, assim, articulada a um sistema de circulação de grandes tonelagens, mas como um fato de ação e efeitos de âmbito local. Sua implantação só irá se mostrar econômica, entretanto, quando, ao descobrir-se que o seu custo tende a cair com o aumento do comprimento da linha, e, sobretudo, quando organizada em rede, o seu raio de alcance é dilatado para grandes distâncias.

Por volta de 1850 a ferrovia ganha sua grande expansão. Num primeiro momento, as redes multiplicam-se, mas propagam-se então mais com um fim estratégico de unir os pontos distantes do território nacional e propiciar maior mobilidade às forças militares do que comercial.

A integração do espaço mundial

Entre 1875 e 1910 a ferrovia vai se consorciar à navegação marítima, e as civilizações vão então conhecer uma grande transformação. Após ter unificado os territórios nacionais nos países da Europa (onde a extensão das linhas se triplica) e na América (onde se completa a ligação costa a costa nos Estados Unidos e no Canadá), as redes ferroviárias extrapolam esse papel para os demais continentes, nos quais junto à rede do transporte oceânico vão orientar os fluxos migratórios e de conquista que formarão os impérios coloniais.

Essa evolução se deu em combinação à evolução do transporte marítimo. No momento que chega ao trem, a máquina a vapor chega também ao navio. O longo desenvolvimento da técnica náutica que se inicia com o aperfeiçoamento do barco a vela e a introdução do uso da bússola, do sextante e do sistema de cálculo das tábuas de declinação desemboca no navio a vapor. Isso dá o começo à grande aventura da navegação, que faz a civilização europeia lançar-se das pequenas viagens costeiras às grandes incursões oceânicas em busca de terras desconhecidas, expansão que se afirma com o advento da era industrial como um sistema regular e permanente de circulação mundial. Então, de fator de separação e isolamento, o mar se torna traço de união.

Fruto e ao mesmo tempo beneficiária dessa evolução, a Europa avança sua civilização pelo mundo. Por onde passa, o europeu ocupa mares e continentes, planta portos, interioriza ferrovias, cria países novos e destrói povos antigos "num abalo geral que jamais sacudira tanto as relações entre os homens" (p. 359).

A fusão entre a ferrovia e a navegação concretiza o velho sonho europeu de formar um "império dos mares" com o fim de unificar o mundo sob seu mando. O porto é o ponto da junção da ferrovia e do transporte marítimo numa rede em que "pontos de expedição" recolhem no interior dos continentes as mercadorias que os portos fazem chegar pelo mar aos mais distantes "pontos de chegada". Portos como o de Londres tornam-se, assim, pontos de passagem de produtos de todo o mundo: por ele vão transitar algodão da Índia, trigo do Punjab, arroz da Indochina, chá da China, soja da Manchúria, manufaturados da Inglaterra. As docas simbolizam a nova paisagem, com o desenho das suas balizas, escalas, lugares de aterragem de cabos, depósitos de carvão, depósitos de víveres, vaivéns de navios, estaleiros, indústrias que se aproximam dessas instalações, tudo se completando nos grandes aglomerados urbanos cujos perímetros se distanciam do derredor do porto a perder de vista.

Articulado pelo sistema portuário, os transportes marítimo e ferroviário levam a economia europeia para as longínquas áreas rurais dos continentes, neles indo instalar as paisagens de grandes domínios de escala: "Se, nos grandes centros industriais, a concentração dos seres humanos por milhões ou centenas de milhares está em relação direta com os caminhos de ferro, são também as vias férreas que permitem a formação, na Austrália, na Nova Zelândia e na República Argentina, desses imensos rebanhos que subsistem para fornecer a alguns mercados de lãs, peles, chifres, carnes etc. Juntar rebanhos de carneiros de 60.000 cabeças, 200.000, e até, caso mais raro, de 500.000 cabeças, para a guarda dos quais bastam alguns homens a cavalo, não é de maneira nenhuma um fato menos extraordinário do que as cidades de 500.000 ou de um milhar de homens. São fatos de mesma ordem, hipertrofias geradas, simultaneamente, pelas mesmas causas. Tais aglomerações de gado – como nas *Prairies States*, a acumulação de cereais nos *elevators* construídos para comportarem milhares de toneladas – correspondem às aglomerações humanas a que se destinam. Aqui, o *emporium*, a grande cidade; lá, o *runn*, a estância, a fazenda. É a grandeza do mercado que solicita o poder da produção. Graças à repercussão alimentada pelos transportes regulares de grandes quantidades, desenvolve-se uma energia enorme que encontra, de uma e de outra parte, o seu emprego. Os produtos concentram-se e acumulam-se por virtude da lei econômica que torna o custo do transporte proporcional à quantidade transportável. E é nisto que o fenômeno reverte a sua forma geográfica" (p. 339).

No âmbito interno dos países, a invenção da tração elétrica leva o sistema ferroviário a difundir-se pelo espaço urbano, onde vai aparecer na forma dos *tramways* suburbanos, revolucionando as cidades e aumentando o seu poder de centros de mercado. Daí advêm grandes e importantes consequências. Integram-se a cidade e o campo. Os mercados do mundo se unificam. Estimula-se a ocupação das áreas temperadas do mundo extraeuropeu, na América do Norte e no hemisfério sul. O isolamento dos países e regiões é posto em cheque. Apura-se a disputa pelo domínio internacional.

As civilizações e os gêneros de vida entram em uma nova etapa.

Jean Brunhes: ordem e desordem espacial em *Geografia humana*

Geografia humana, publicada em 1935, é a edição abreviada dos três volumes da obra de mesmo nome, publicada em 1910. A edição em português de que nos servimos é de 1962, da Editora Fundo de Cultura, Rio de Janeiro.

Escritor de grande densidade, Brunhes reúne uma bibliografia em que se destacam os estudos das comunidades das áreas de clima semiárido do Mediterrâneo, onde o papel de coesão do uso regulado da água é o centro de preocupação. *Geografia humana* é trabalho de cunho sistemático, no qual antecipa todo o debate ambiental atual, desde o problema do desmatamento ao da água, em suas vinculações com o processo de formação dos espaços.

Um mundo de oposições

Os homens habitam a fina camada da superfície terrestre constituída pela zona inferior do envoltório atmosférico e pela zona superior da crosta sólida, diz Brunhes. É nessa camada onde ocorrem os fatos essenciais da inscrição da vida humana. Aí, vivendo em multidão ou em grupos mais ou menos densos, é que os homens "subordinando-se aos fatos naturais assegurarão a seus corpos o cuidado indispensável e a suas faculdades o desenvolvimento e o florescimento" (p. 26).

Tudo nestes fenômenos de superfície está em mutação perpétua, em resultado da ação contrária de duas ordens gerais de força: a "força louca" do Sol e a "força sábia" da Terra. A primeira atua como "força da desordem" e a segunda como "força da ordem". O ponto de partida, e sempre de recomeço, é a força da desordem do Sol. "Sobre o globo terrestre a radiação solar é uma causa sem fim de desequilíbrio e, por conseguinte, de movimento. Mas esse movimento seria desordenado se não existisse, para combater tal causa de desordem, uma causa geral de ordem: essa força, que chamarei força sábia da Terra, em oposição à força louca do Sol, é a atração centrípeta do peso" (p. 28). A força ordenadora da atração gravitacional disciplina, assim, a força anárquica do Sol, e, nesse mister, interliga, confere unidade de conjunto aos fatos e põe em ordem o quadro de vida do homem.

Este é o fundamento que orienta o movimento dos fenômenos e os organiza numa linha cíclica de nascimento, maturidade e decadência – a exemplo da evolução cíclica seja do relevo, seja de uma cidade –, seu estudo devendo centrar-se, assim, na evolução sequencial de seu passado, presente e futuro, mais do que nos dados estatísticos de um determinado momento, até porque nesse processo de transformação perpétua combinam-se o "princípio da atividade", segundo o qual tudo está em movimento, e o "princípio de conexão", segundo o qual tudo deve ser visto em suas interligações.

De modo que um traço só tem o valor de um fato se visto nesse todo, uma vez que sua plena significação só aparece quando colocado no interior do encadeamento das ações recíprocas de que faz parte. Não escapando a essa lei comum do mundo, o homem (todos os seres vivos) só pode ser então entendido quando visto dentro do quadro do seu meio dinâmico e integralizado. Ao distribuir-se pela superfície terrestre o homem o faz em grupos de densidades variáveis e na conformidade da sua relação com o seu todo, e assim deve ser compreendido.

Em cada canto o homem organiza-se em sociedade numa complexidade de sentido crescente, onde se combinam as necessidades vitais, a exploração da terra, a organização social e o processo da história, escalonados, na transfiguração de um nível no outro, sob a forma sucessiva da geografia das necessidades vitais, geografia do trabalho produtivo-improdutivo, geografia social e geografia histórica, respectivamente. Na base dessa interação está a relação que se estabelece entre as necessidades vitais e os fatos essenciais. O móvel do movimento são as necessidades vitais básicas de alimentação, habitação e vestimenta, que vão se efetivar através de três séries de fatos essenciais: a demanda das necessidades vitais, o trabalho e a satisfação da demanda. A demanda das necessidades vitais forma uma primeira série e um primeiro nível de fatos essenciais; o trabalho, meio através do qual o homem explora a terra tendo em vista um futuro mais ou menos duradouro, forma uma segunda série; por fim, a satisfação das demandas, cuja realização faz-se em grupos que asseguram ao gênero humano a transmissão da vida e a realização das trocas, isso requerendo um conjunto de regras de organização social, forma a terceira série de fatos essenciais. Temos aí a "face visível e fotografável" do espaço geográfico.

O **habitat** *e as paisagens: a ordem da destruição construtiva*

Esta estrutura escalonada dos níveis de fatos essenciais originados a partir das necessidades vitais organiza o complexo do espaço geográfico. Surge, assim, o arranjo básico do *habitat*, um quadro de arrumação visualizável através da etnografia de três formas superpostas dos fatos: a casa e o caminho, forma dos fatos da ocupação improdutiva do solo; os campos cultivados e de animais de criação, forma dos fatos da conquista; e as explorações extrativas de minérios, vegetais e animais, forma dos fatos de economia destrutiva.

De todas as necessidades vitais básicas, a habitação, fenômeno necessariamente localizado e fixo, é a que mais pontualiza sua presença visível no espaço. As demais são mais fluidas. A casa, termo com que se designa em caráter geral todas as formas de habitação, seja ela a residência isolada ou a cidade, é um fenômeno geográfico que está sempre acompanhado deste outro que é o caminho, a estrada.

Habitação (casa) e circulação (caminho) formam, em sua distribuição recíproca, um movimento combinado de troca dos cheios e vazios de localização no espaço, em que ora o cheio se torna vazio e ora o vazio se torna cheio através da constante redistribuição das localizações.

A necessidade de circular entre as casas cria os caminhos que as vão interligar numa relação regular e organizada. E o entrecruzamento dos caminhos multiplica o número das casas e as funções das estradas. Surgem, assim, as aldeias e cidades. E, no centro delas, as praças, que a regularidade da circulação irá transformar nos mercados e feiras locais. É sobretudo em relação a essa associação da casa (habitação) e caminho (a circulação) com a cidade que o movimento de redistribuição dos cheios e vazios se faz de modo mais dinâmico. "Logo à primeira vista, constatamos em que grau estão associadas a casa e a estrada, sob o ponto de vista geográfico e como se misturam de maneira ainda mais intrincada na forma concentrada da instalação humana: a cidade geograficamente falando, a cidade fisionomia e realidade, é composta de vazios, assim como de cheios, isto é, de ruas, de cruzamentos e de praças, assim como de habitações ou monumentos" (p. 56).

A paisagem da casa expressa sua relação ambiental através da homogeneidade das formas e dos materiais de sua construção. Com frequência, nos vemos, na observação da sucessão regular dos tipos comuns de habitação na paisagem, diante da relação entre o tipo de clima e o tipo dos tetos. Com a mudança dos ambientes, muda a paisagem da habitação. Um exemplo é a casa de madeira da Europa florestal. Outro é a casa de pedra das áreas áridas e semiáridas do Oriente Médio. E também daí que ao nos deslocarmos para a linha de contato dos limites dos ambientes regionais vemos que a paisagem é marcada pela diversidade de tipos de habitação.

Entretanto, é mais a busca de segurança, a exemplo da ameaça do fogo em áreas florestadas, que a relação ambiental o que orienta o homem no erguimento de sua habitação. Essa busca da segurança é o que explica a evolução da técnica e a tendência de se substituir os materiais mais frágeis do ambiente local por materiais mais resistentes, como a pedra e o tijolo obtidos de outros locais, como vemos como tendência nas habitações de hoje.

Também a paisagem das estradas revela sua forte relação com o ambiente local, refletida nas suas sinuosidades, declives, material de encalcamento. Não é raro a via de circulação preexistir nas linhas do terreno, embora o tempo vá aumentando as marcas dos retoques humanos nesta paisagem decalcada sobre os traços naturais.

O fato é que o aumento da densidade das casas e dos caminhos aumenta o número e o tamanho das cidades, aumentando os efeitos relacionais destas na organização do espaço. O crescimento vertiginoso das cidades, feito à semelhança de "uma modificação profunda, topográfica, que desvia os cursos de água, nivelando os terrenos, entulha as depressões etc." (p. 158), produz uma forte mudança no arranjo da face da terra.

A cidade é um fato dinâmico. Caracterizam-na a situação, o plano e a altura, em suas inter-relações. O plano reflete a situação (posição geográfica) da cidade. E reflete ainda a forma do sítio, às vezes levando a cidade a reformar-se no sentido da verticalização. As condições de vida estão ligadas, entretanto, a fatos orgânicos, como nas cidades de plano relacionado a canais, porque têm seu sistema de circulação e gêneros de vida ligados à água; nas de plano relacionado a habitantes transitórios, que têm vida peremptória e intermitente; ou nas de plano relacionado à hulha, vinculado à indústria moderna.

Fenômeno recente, a grande cidade vive a necessidade de constante remodelação do seu arranjo interno. Expressão disso é o *boulevard*, "via urbana mais larga, em geral urbanizada", erguida sobre a base de amplas demolições de antigas áreas da cidade ou de linha de antigas muralhas, desmontadas para converterem-se na artéria principal da circulação urbana.

Temos aqui o efeito reversivo dos termos. Se a casa e o caminho combinados dão origem à cidade, a presença da cidade, por sua vez, amplia a escala da presença das casas e dos caminhos na paisagem, e dão um novo sentido ao *habitat* e à circulação. O fato é que a origem dessa necessidade de remodelação da cidade é já em si o efeito reversivo da intervenção da circulação sobre a organização espacial da cidade, que é tão maior quanto maior o fato da circulação, porque maior a sua relação interna e externa com a estrada. É que o aumento da intensidade da circulação reordena, reduz e redistribui os espaços, trazendo-lhe a renovação e novas escalas. "As facilidades de circulação e a rapidez aumentada das viagens modificam a face da terra, modificando as proporções entre as distâncias. Elas fornecem praticamente às zonas terrestres uma forma como que nova e de novos contornos. Quando de Londres se atinge o Cabo em 39 horas e 25 minutos (recorde de fevereiro de 1939), a África do Sul parece ter-se subitamente aproximado da Inglaterra. Desses atos ressalta que a posição geográfica de certos sítios perdera, ou pelo contrário, adquirirá importância" (p. 175).

As vias de circulação tendem a se interligar dentro do espaço dos seus domínios, interligando-se os transportes terrestre, marítimo e aéreo. Não é fato ocasional o surgimento da Convenção Internacional, assinada pelas grandes potências em 1919 e relativa ao espaço atmosférico situado acima do seu território, uma vez que diante da fusão dos domínios de transporte, terra, mar e ar se unificam para um país num único movimento. Esta interligação integra as paisagens e concorre para corrigir as insuficiências específicas de domínios e meios de transporte. A ferrovia é uma via fixa, o trem é limitado a um percurso e são as estações ferroviárias que orientam e organizam o movimento da descarga e a baldeação de mercadorias. A chegada do caminhão e do automóvel altera essa rotina, obriga a surgir novas técnicas de traçado para as estradas e põe-nas a competir com as ferrovias, ao tempo que as complementa, ao restabelecer o antigo movimento porta a porta suprimido pela emergência da superioridade do trem. A interligação ferrovia-estrada reúne então ambas as vantagens e ajuda a superar insuficiências no âmbito do domínio terrestre. Já a interligação ferrovia-navegação junta veículos e vias de grandes tonelagens, criando a paisagem portuária. Por fim, a integração de conjunto dá origem a uma nova geografia das rotas de distribuição, na qual se diferenciam zonas de origem, zonas de destino e zonas de passagem, que se erigem como aspectos de uma nova organização espacial onde se combinam o grande e o pequeno circuito de circulação, a grande e a pequena cidade, cujo efeito é maior tonelagem, menor distância com menores gastos.

A essa rede integrada hoje se combina também a "circulação mais rápida do pensamento", nascida do surgimento de cabos submarinos, telefone e telégrafo sem fio e da radiotelegrafia. Postes de emissão e recepção aparecem lado a lado na paisagem com a fita da estrada, pondo "cada habitante dos países mais favorecidos em contato com um mundo de circulação material" (p. 185).

A circulação extrai esse dinamismo da relação que tem com o povoamento e a produção, porquanto "a circulação vive da produção e do pensamento", mas é a troca das mercadorias o que sustenta esta relação da circulação-produção. "Os órgãos vitais da circulação mundial são como que reguladores que indicam o bom ou o mau estado da produção, ou melhor, suas progressivas transformações", uma vez que "o que cria a circulação são as formas caracterizadas de economia criadora ou destrutiva e as migrações obrigatórias que daí resultam; isto é, por excelência, a permuta" (p. 54). São as trocas que articulam as áreas de produção, colocam as matérias-primas e os produtos manufaturados "nos pontos em que são desejados ou em que são úteis" e chamam para si a mediação dos transportes, assim dando azo ao fato da circulação.

Um elemento chave desse processo é a "transplantação da mão de obra" que alimenta as migrações, o povoamento e a produção. E é "o espírito da conquista do espaço", em face do qual "a circulação converte-se em dominadora do espaço", o que move os homens nessa transplantação.

A essa paisagem das casas e caminhos combinados na cidade se junta a das manchas de cultivos e criação, que são "tanto mais numerosas quanto mais denso o povoamento". As manchas das culturas avançam sobre a vastidão de um mundo vegetal dobrado pela vontade humana, "manchas de contornos bastante regulares e como que definidos, de nuanças variáveis de acordo com as estações, ora da cor branda da terra nua ou da cor quente e forte da terra trabalhada, ora o verde doce do capim novo, o amarelo escuro de espigas maduras, ou o branco ofuscante das flores de cerejeira ou das fibras do algodão, manchas que correspondem às partes da superfície em que o solo foi sulcado, revolvido ou gradado" (p. 57). Olhando para ainda mais além, "lá onde se rarefazem as manchas de cultura" e o povoamento escasseia, a vez é das manchas mais desbotadas e nem sempre contínuas da criação de gado.

As paisagens do campo, da horta, do rebanho e do animal atrelado são manchas de fatos essenciais mais móveis que casas e caminhos, porém igualmente localizados. Os vegetais, "pequenos todos orgânicos", mais que os animais, são a expressão do meio onde vivem. Por um certo tempo, a noção ambiental das plantas limitou-se à sua relação com o clima, até que foi substituída pela mais consentânea com o "princípio da conexão", "mais justa, muito mais verdadeira", a de meio entendido como "o conjunto total das condições naturais abordado nas condições múltiplas" (p. 189).

Entretanto, o clima permanece sendo a referência básica da localização, tanto das culturas quanto da criação de gado na superfície terrestre.

A maior parte das plantas e animais domesticados tem um *habitat* de origem que perdeu-se no tempo, levando consigo a possibilidade de reconstituição de uma engenhosidade humana acumulada que é mais antiga até que as mais antigas dinastias egípcias e chinesas. Apesar disso, a lista de novas plantas e animais desde então acrescentados à cultura humana é ínfima e "extraordinariamente pobre".

Todavia, todas essas culturas, as velhas e as novas, provieram de três centros primitivos, a partir dos quais se difundiram pelo mundo: o trigo, a cevada, a vinha e o linho vieram do Ocidente asiático (Mesopotâmia, Síria, Egito); o arroz, o chá, a cana de açúcar, a amora e o algodão vieram do Oriente asiático (China, Índia, Indonésia); o milho, a batata e o tabaco vieram da América intertropical. Mas a potencialidade do mundo animal e vegetal do planeta está longe de ter tido até agora maior aproveitamento humano. Calculadas em 140 ou 150 mil, só cerca de 300 espécies vegetais tiveram até hoje importância; o reino animal é mais subexplorado ainda pelo homem, só 200 espécies têm importância. E a evolução das técnicas ainda mais restringe esse número: com as novas técnicas, as descobertas da Química e a expansão dos meios de transporte, o cultivo vai dando lugar aos métodos intensivos, em que cada porção de terra deve render o máximo, isso significando a redução numérica das culturas em troca da especialização.

Completamente diferente é a paisagem que vemos nas regiões de nomadismo e da transumância. Gênero de vida tipicamente pastoril, o nomadismo não se caracteriza, no entanto, pela presença única da criação, a começar pelo fato da diversidade de suas formas. Não só se nota a presença de culturas como também o nômade é um artesão e um hábil comerciante. A uma consideração errada da sua natureza deveu-se o equívoco existente que tomou o nomadismo como uma fase evolutiva da humanidade situada entre a caça e a agricultura: depois de caçador, o homem teria sido pastor a caminho de sedentarizar-se como agricultor. Suposição desmentida pelas áreas que antes do nomadismo eram de agricultores sedentários.

Tal concepção se aplica menos ainda à transumância, um gênero de vida igualmente vinculado à criação, mas que divide suas atividades entre ela e as culturas, e igualmente se diferencia em suas formas. Um elemento característico do nomadismo, e em menor escala da transumância, é, por sinal, a feira, uma "forma de aglomeração regular, mas muito intermitente", que surge relacionada à criação de rebanhos, e aí desempenha o papel de um centro urbano.

Podemos ver as paisagens agrárias diferenciando-se pela superfície terrestre também a partir dos vínculos das plantas e animais com seus ambientes naturais. Na paisagem das culturas o exemplo vem dos cereais: "o milho pertence a zonas ao mesmo tempo mais úmidas e mais quentes, situadas na direção sul, no interior e no contorno da zona do trigo. O arroz, por excelência, é o cereal das regiões do globo ao mesmo tempo muito quentes e muito úmidas; por suas condições geográficas, o milho é uma espécie de intermediário entre a zona do trigo e a do arroz" (p. 213).

Mas as paisagens das plantas e animais relacionam-se também às espécies que acompanham os homens em suas migrações em busca de povoar novas áreas pelo mundo. É assim que, levado pelos europeus, veremos o trigo formar a paisagem de regiões diferentes às suas originais na superfície terrestre, e, em contrapartida, a batata e o milho atravessarem o oceano em sentido contrário para plantar uma revolução na paisagem agrícola do continente europeu.

Já na paisagem das criações as diferenças são mais marcadas. Assim como ocorre com a paisagem das culturas, a paisagem vinculada a determinado animal também se identifica com o meio: o cavalo às grandes estepes herbáceas, o camelo às zonas mais secas do antigo continente, a rena e o iaque às áreas frias de altas altitudes, a cabra às áreas íngremes e ressequidas, o boi à Ásia monçônica, e ainda o suíno e as aves como pequenos animais de quintal.

Entretanto, todas as formas de paisagem expressam menos a influência das condições naturais regionais que a obra da história dos homens. Bloch, Dion e Faucher demonstraram que são elas construções humanas, que tanto o *habitat* concentrado das regiões da *campagne* quanto o *habitat* disperso da *bocage* são expressão dos regimes das relações agrárias, isto é, da forma da propriedade, repartição e modo de uso das terras, disciplinas e técnicas agrícolas.

A cidade é a presença histórica de maior impacto espacial nas paisagens. A expansão da vida urbana traz uma nova situação à geografia das plantas e animais. A cidade remete a demandas que influem na localização e organização espacial das culturas e criações: "Fato ligado à extensão da vida urbana é a concentração exclusiva, em regiões inteiras, da cultura de legumes. Atualmente, uma verdadeira população especializada se dedica à produção e ao comércio de legumes, em grande escala, nas vizinhanças das cidades, e nas regiões que desfrutam de clima mais favorável à manutenção mais precoce de frutas e legumes (Bretanha, vale do Ródano, Argélia, Marrocos, costa mediterrânea da Espanha etc.)", de vez que "a facilidade e a rapidez dos transportes levaram, em toda a parte, à transformação dos hortelãos em especialistas do cultivo de produtos temporões, no sentido de que todos os produtos vão dependendo cada vez mais do dia e até da hora em que podem chegar aos grandes mercados. Assim, trata-se de uma rivalidade constante, exercendo-se entre todas as regiões de nossos territórios cultivados; os mercados urbanos, de grande consumo – o de Paris mais do que qualquer outro –, procuram obter todos os legumes e frutos escolhidos da forma mais contínua possível". É então que "uma aparelhagem toda especial foi assim prevista, para canalizar para as regiões de consumo os frutos dos pomares distantes" (p. 238).

Mesmo as velhas regiões nômades e transumantes sofrem os efeitos do desenvolvimento do mercado urbano. Em face da presença da cidade, o nomadismo e a transumância recuam diante da chegada da ferrovia e da estrada. As velhas caravanas são substituídas pelos novos meios de transporte; as feiras intermitentes, pelo mercado de troca regular; os rebanhos e as pastagens tradicionais, pelas culturas e pela criação bovina modernas. Os centros de mercado se deslocam e lançam seus efeitos desde sobre os produtos alimentícios, legumes, frutas, cereais nobres como o trigo, o milho, o arroz, até sobre os produtos industriais como a hévea, o algodão, a seda, o linho, a lã.

O trabalho e as transformações do meio: a desordem da construção destrutiva

A ocupação e a conquista passam pela desordem da destruição. Uma destruição que pode ser construtiva ou devastadora (o esburacamento da terra pela mineração, o desflorestamento generalizado, a matança de animais ou a exterminação dos indígenas). Trata-se do problema das ações humanas "que esgotam as riquezas sem as renovar" (p. 59), e "de toda exploração da terra que tenda a extrair matérias-primas minerais, vegetais ou animais, sem a intenção ou os meios de restituição" (p. 291).

Estranhamente, a "devastação caracterizada" é uma prática dos civilizados. Os selvagens só a exercem de forma atenuada e não propriamente devastadora. O nomadismo, um gênero de vida próprio dos povos primitivos, é uma prática caracteristicamente atenuadora da destruição. Ao passo que a exploração mineradora é sempre uma forma de ocupação e conquista destrutiva, porque não há nela chance regenerativa para a natureza. A agricultura também é uma atividade destrutiva da parte do esgotamento dos solos, seja nos países coloniais, onde se realiza a alternância dos terrenos, que os europeus assimilaram dos povos selvagens, seja nas regiões temperadas não europeias, como nos Estados Unidos, no Canadá, na Rússia siberiana e na Argentina, onde sediou-se uma "civilização superior".

O desflorestamento é o domínio por excelência da destruição ("o homem civilizado exerce, com efeito, sua ação devastadora de modo excepcional no domínio da floresta"), cujo teatro principal é a "zona temperada do norte, região povoada pela raça branca civilizada" e mais recentemente as áreas novas de avanço da "frente pioneira" ("onde esta se instala a floresta recua"), como se vê no Canadá e no Brasil (pp. 294-5). O móvel dessa devastação é a exploração da madeira, favorecida pela evolução dos meios de transporte. Junto ao desmatamento vêm os seus efeitos e a reação dos que contra ele se levantam. "De todas as partes chegam-nos os ecos das catástrofes que ocorrem nas regiões devastadas — inundações nas vertentes dos Alpes ou dos Pirineus, ravinamento nas planícies russas etc. As queixas têm sido de tal ordem que na Europa Ocidental, especialmente na França, a questão do reflorestamento não apenas está na ordem do dia como, também, já foi iniciada. Além do empreendimento do reflorestamento, deveriam também ser tomadas providências para fazer cessar imediatamente as derrubadas egoístas e selvagens nos locais em que ainda subsistem florestas" (p. 295).

O efeito, entretanto, se irradia e se avoluma nas colônias, porquanto é "onde o europeu não cuida de se instalar definitivamente, estabelece ele feitorias em torno das quais pouco a pouco se desenvolve a exploração dos vegetais. Os indígenas, aos quais se solicita a matéria-prima bruta, encontram-na sem dificuldade nos primeiros tempos da colonização: é a coleta. Estimulados pelos preços, não tardam a chegar à devastação. Finalmente, chega-se a criar culturas cuja produção se torna regular, antes disso, porém, já se destruíram produtos de valor incalculável, que poderiam ter sido conservados para uma utilização durável" (pp. 296-7).

Uma forma de solução veio dos Estados Unidos com os parques nacionais, por meio dos quais resolveu-se o problema da devastação florestal e da água. A água é uma questão que vem junto com a da floresta, sobretudo em países sem hulha como a Itália, diante de sua utilização como força industrial.

Todavia, se por um lado a economia destrutiva devasta, por outro lado também constrói. Casas, caminhos, campos e criação, todos esses fatos essenciais são possíveis. E o que os homens são o são "graças ao concurso direto ou indireto de todos esses produtos e todos esses metais retirados da terra sem restituição. O que seria das culturas necessárias à humanidade, em crescimento contínuo, sem os adubos e as máquinas? O que seria da alimentação, da circulação, do próprio pensamento (o livro, o papel) sem a economia destrutiva? A economia destrutiva pode, portanto, ter um fim e uma significação construtivos. Ela destrói, é certo. O fato geográfico continua patente: essa forma de economia despoja incessantemente, em mil pontos, a superfície terrestre de suas riquezas, que não são nem nunca serão devolvidas. Porém, se tem constituído, frequentemente, uma rapinagem, um desperdício, ela muitas vezes tem proporcionado aos homens os materiais ou os meios mais poderosos para que tenham podido chegar ao presente estágio de incomparável desenvolvimento científico e técnico da vida civilizada à superfície de nosso globo" (p. 326).

É nesses termos contraditórios que a economia destrutiva gera as paisagens do mundo. Existe uma paisagem-tipo correspondendo a cada atividade destrutiva que se vê desde o tabuleiro do xadrez da agricultura de *bocage* e os grandes campos homogêneos de trigo e gado da *campagne* até o buraco de uma mineração, a clareira aberta por um desflorestamento e a pirâmide quadrangular e reservatórios da exploração petrolífera.

Mas é a paisagem vinculada à exploração e transformação da hulha saída da Revolução Industrial do século XVIII a mais poderosa em destruição construtiva do mundo.

A era da hulha é a era da combinação do vapor e do ferro: pelo lado do vapor "porque tornou-se o combustível por excelência para produzi-lo" e pelo lado do ferro "porque se constitui no combustível por excelência para a produção deste último". O ferro, e com ele o aço, forneceu o grande material das construções e o vapor forneceu o novo motor, essa junção levando à revolução da indústria e dos transportes. Posta na base dessa revolução, a hulha é a sua condição necessária, e não a sua causa, mas isso bastou para ela exercer sobre os homens uma "atração localizada" que será absoluta "até o advento da hulha branca, nos fins do século XIX" (pp. 329-30). Substância pesada e assim de caro custo de transporte, mas ao mesmo tempo de largo consumo pelas indústrias, a hulha exerceu uma influência "quase tirânica" sobre a localização dos homens e das indústrias no início do moderno desenvolvimento industrial, influência que foi se atenuando com o desenvolvimento dos transportes, propiciado pela própria hulha, e da hidreletricidade.

A paisagem formada pela extração da hulha é um complexo que vai da mina à grande cidade industrial. A mina é um território em si, com uma face interna e outra externa. Internamente, a mina é a uma paisagem subterrânea formada por centenas de metros de poços que se prolongam por quilômetros de galerias. Nesta "cidade de sombras... tudo é anormal quanto às condições de vida. É preciso renovar constantemente o ar e secar a água, o que constitui um trabalho incessante. Além disso, os acidentes são terríveis, pois os operários são colocados aí em um meio naturalmente contrário à existência" (p. 334), sem falar na ameaça de desabamentos do terreno, de incêndios produzidos pela oxidação das piritas e do ar impregnado por gases tóxicos. Do lado externo, perto da abertura ou a uma certa distância, a mina é o aglomerado das casas dos trabalhadores e das instalações industriais a ela relacionadas, a origem de uma paisagem que tem na hulha o "protoplasma em torno do qual desenvolvem-se a construção, a circulação e a vida industriais". Tal é a paisagem do *black country*, a região central da Inglaterra, "onde não se tem vegetação, nem água e sim canais enegrecidos, casas cinzentas, caminhos juncados de escórias negras, uma atmosfera obscurecida e carregada, e fumaça por todos os lados" (p. 337).

A paisagem da cidade industrial é, entretanto, diferenciada em cada canto. Na Inglaterra, as cidades industriais distinguem-se entre dois tipos de paisagem: a da grande cidade nascida da hulha e a da grande cidade histórica que então se industrializa. A primeira é um "corpo invertebrado" que cresce de modo desordenado, mas em integração com as demais cidades situadas ao seu redor e com as quais forma uma zona de aglomeração industrial única; a segunda é a estrutura histórica herdada e mantida dentro de um espaço que, ao tempo que cresceu por incorporação e privação de vida própria por efeito gravitacional das cidades dos arredores, se tornou seu centro (a *city*) e se esvaziou. Distintas, esta dupla forma de cidade é a base que distingue no espaço inglês a "Grã-Bretanha hulhífera" e a "Inglaterra histórica". Situação diferente é a que temos na Alemanha, onde, ao contrário da paisagem britânica, geograficamente superpõem-se a paisagem do desenvolvimento histórico anterior e a do desenvolvimento industrial posterior, ambas incidentes numa mesma região, uma vez que as cidades surgem e se desenvolvem coincidentemente onde a hulha se localiza e em face da qual a indústria irá surgir para mudar a geografia no século XIX-XX.

A "intenção da direção": ação psicotécnica e a transcendência locacional do homem

Todavia, diz Brunhes, o homem se enraíza e se projeta para além do espaço imediato dos fatos essenciais da primeira e segunda séries. É que, embora sejam a expressão localizada dos fatores físicos, invariáveis e de absoluta constância, os fatos essenciais se organizam "ao sabor dos impulsos humanos". São as técnicas, as regras e mentalidades, o mecanismo do trabalho e a ideia da propriedade, fatos essenciais de terceira série, a substância que transporta e dá para o homem um plano de organização geográfica global posto para além dos fatos essenciais da primeira série. Assim, os fatos essenciais envolvem-se de fatos etnográficos expressos em instrumentos como o arco e a flecha do caçador, a picareta do canteiro, o arreio dos animais, as ferramentas agrícolas, o carro da estrada, a barca do canal, o material culinário, os móveis, que são os *fatos acessórios,* mas mediante os quais os homens alcançam sua crescente independência frente à "tirania do meio geográfico imediato".

Há uma presença humana na constituição do espaço como dimensão unitária da organização geográfica dos fatos essenciais, uma presença psico-histórica que faz a transcendência das escalas. A região e o Estado são as formas de expressão dessa organização social que transcende e confere unidade de dimensão e complexidade maiores ao espaço do homem.

Síntese mais vasta que os níveis locais dispersos, a região insere os fatos essenciais em unidades de cunho mais histórico e político que físico, compondo um todo no qual mesmo a região natural "é um resultado e não um dado", "não é uma condição original, é uma combinação". Todo mais amplo e complexo, a região é um conjunto heterogêneo de regiões naturais, estas sendo conjuntos homogêneos cujas disparidades são assim "reunidas numa unidade política pela vontade humana" que é a região como história (pp. 391-2).

O Estado, por sua vez, é a forma de expressão mais ampla do fator psico-histórico. Se, para organizar a vida dos homens, a conexão geográfica não escapa ao quadro das condições naturais ("jamais nos emanciparemos totalmente do fator terrestre"), através do nível dos Estados o extrapola. "Obra de arte que vem do solo e que, em certa medida, o marca à sua imagem", o Estado é a extrapolação do quadro físico local porque ele é um "querer coletivo", isto é, apetite, necessidade ou vontade que "se imprime no solo sob a forma de cidades e estradas, como de plantações e usinas" e "imprime-se igualmente como fronteiras" (p. 438). E o Estado é a extrapolação do quadro natural porque entrecruza-o através da organização das trocas, formando com isso um complexo mundial, um nível de horizonte amplo em que as regras históricas se sobrepõem e casam as diferentes condições naturais. "O comércio e a circulação mundiais, o *weltverkerh*, governam um número bastante grande de fatos dos três grupos (cidades, caminhos, culturas, criações, explorações minerais). O comércio mundial, este imenso complexo econômico, pode ser comparado a um complexo de Geografia Física, tal como o clima. Subitamente, desencadearam-se furacões cujas consequências semearam a ruína nos campos de açúcar ou nas minas de estanho até milhares de quilômetros dos lugares por onde passara a tormenta comercial! O camponês que semeia trigo na Beauce ou na Polônia não depende mais simplesmente da atmosfera; sua colheita, materialmente boa ou má, tornava-se boa ou má devido às vicissitudes da atmosfera comercial, que nós compararíamos de bom grado aos famosos *klimaschwankungen*, às oscilações do clima. Paralelamente, o abaixamento de uma tarifa de transporte modifica brutalmente a distância econômica entre dois pontos do espaço e tudo se passa como se, bruscamente, com o golpe de uma pena, que produzisse o efeito do toque da varinha de condão, a estrada se alongasse ou se reduzisse" (pp. 413-4).

Mas é o trabalho o elo desse alçamento dos elementos do meio ao nível das unidades de espaço como a região e o Estado, o fator psico-histórico por excelência. Dado ser a fonte dos fatos essenciais, "o homem entra em contato com o meio natural pelos fatos do trabalho", o trabalho por isso mesmo é a "verdadeira conexão" entre o geográfico e o histórico. Materializando essa relação ativa do homem com o seu meio, por isso é que os fatos essenciais refletem a e na história. Como os fatos essenciais resultam da conexão entre os fatos constantes de ordem física e os fatos variáveis de ordem humana, ao tempo que têm apoio no meio local, sua conexão e unidade repousam no fator psicológico.

Por isso, ante a presença do histórico e do psicológico, a dependência humana das condições naturais não se dissolve, "torna-se diferente". O espaço (as extensões da superfície terrestre cortejada pelos Estados), a distância (o obstáculo medido em tempo e vencido pela circulação) e a diferença de nível (a ação ordenadora da gravidade), enquanto "valores geográficos", estes, sim, passam a ser, cada vez mais, os senhores do homem.

Max Sorre: ecologia, sociabilidade e complexidade em *O homem na terra*

O homem na terra é a edição condensada dos três volumes de *Os fundamentos da geografia humana*, publicados entre 1943 e 1952. A edição que nos serve é a espanhola, de 1961, da Editorial Labor, Madri.

Sorre é o criador de uma forma original de pensamento geográfico, que denomina de Geografia Ecológica. E, de certo modo, um antecipador do debate atual da relação da indústria com o meio ambiente e da teoria da complexidade. Temas que põe em *O homem na terra*, livro que é uma síntese de toda sua obra e pensamento peculiar.

O ecúmeno: a sociabilidade complexa

O ecúmeno, diz Sorre, do ponto de vista da estrutura é um complexo de complexos, um todo formado e caracterizado pela superposição e entrecruzamento de diferentes níveis de complexidade.

O primeiro nível é o complexo agrícola, um todo de relação planta ou criação e meio no qual a ação de seletividade do homem e a regionalidade climática formam a interação básica. Há, assim, tantos recortes de paisagens quantos a relação homem-meio assim definida permita.

A ele superpõe-se e com ele se confunde no imediato o complexo alimentar. O complexo alimentar é um sistema centrado na dietética dos povos, arrumada na forma de um regime. Regime alimentar é o "conjunto dos alimentos e preparos nutritivos graças aos quais um grupo humano mantém sua existência ao longo de um ano" (p. 27). Cada regime alimentar combina um alimento-chave a uma cadeia de alimentos complementares, essa combinação fornece ao homem a medida necessária de gorduras, açúcares, proteínas, além de substâncias minerais e matérias organo-minerais de que o organismo necessita. Relacionada aos complexos agrícolas, a cartografia dos complexos alimentares divide a superfície terrestre numa diversidade de regiões de regimes alimentares. Em geral, são dois os tipos gerais de regime alimentar: o regime baseado nos tubérculos e rizomas e o regime cerealífero. Os regimes baseados nos tubérculos e rizomas são aqueles que extraem os hidratos de carbono desses alimentos e as gorduras e açúcares de alimentos complementares, como a banana; são pobres em matérias nitrogenadas (proteínas vindas da caça e da pesca). Os regimes cerealíferos, porém, são mais diversificados, distinguindo-se os que se apoiam no arroz, no milho e no trigo. O complexo alimentar baseado no arroz, característico da Ásia das monções, complementa seu valor nutricional com o adendo do molho feito à base do pescado (que serve como condimento) e outros componentes como a soja, o queijo e os molhos ricos em gorduras, proteínas e aminoácidos, fechando o ciclo com o chá como alimento digestivo. O complexo baseado no trigo, sempre associado à cevada, centeio e aveia, diferencia-se em duas variações: a irano-mediterrânea, na qual o regime se apoia na combinação pão-azeite-vinho, pobre em proteína animal e complementado com legumes e frutas; e a do restante do continente situado ao norte dos Alpes, que se apoia na combinação pão-cerveja-lácteos, complementada pela batata e, entre os ricos, por diversas fontes de proteínas e de gorduras (pescado seco, carne fresca e aves).

Ao complexo alimentar se superpõe o complexo patogênico, que é a "associação de seres de diversos graus de organização, cujo centro é o homem ao qual se ligam pelo parasitismo e cuja atividade se traduz em doença para ele" (p. 35). O seu núcleo é a associação homem-parasito, a que se pode acrescentar às vezes um terceiro componente. Trata-se no seu todo de um ecossistema em que "a ecologia do grupo (sinecologia) é a resultante das ecologias individuais de seus membros" e cuja área de extensão e distribuição depende das condições do meio e das relações vetorizadas de transporte. O exemplo clássico é a doença do sono na África, analisado por Vidal de La Blache, no qual "o contágio se produz devido aos habitantes concentrarem seus povoados em lugares descobertos situados ao longo das correntes fluviais, facilitando que a mosca tsé-tsé, que vive à sombra da mata-galeria, e cujo ciclo biológico comporta um período de permanência no meio interno da mosca e outro no sangue humano, se lance sobre eles, para nutrir-se do seu sangue e transmitir-lhes germens infecciosos (tripanossomas), e se estruture dessa forma o parasitismo que solda em um só conjunto o homem, o tripanossoma, a mosca e a mata-galeria" (p. 35). Cada complexo patogênico implica uma geografia médica com seus tipos de doenças, como no caso da doença do sono, sobre cuja base se pode fazer uma "divisão nosológica do globo" e assim uma cartografia hierarquizada em unidades, áreas, domínios, setores, regiões, distritos que mapeia o mundo em patologias classificadas de acordo com os grandes quadros climáticos, havendo assim uma patologia intertropical, uma patologia subtropical, uma patologia das regiões temperadas e uma patologia das regiões frias.

Este agrupamento de complexos é atravessado pelo complexo técnico, um todo combinado de técnica e conhecimento científico que o homem utiliza para construir seus espaços, e assim por esse meio "espiritualizar o universo". De modo que é esse complexo que dá cunho histórico ao ecúmeno, ao criar o espaço e ampliá-lo continuamente em escala até onde o nível do desenvolvimento da técnica permite à intervenção humana.

Ao complexo técnico se superpõe o complexo cultural. O complexo cultural é a reunião das experiências de relacionamento do homem com o meio acumuladas ao longo do tempo e transformadas nos valores de que os grupos humanos se valem para perpetuar sua vida de relação, desde a relação com o meio até a relação entre os próprios homens.

O complexo rural: a sociabilidade antiga

A formação e fusão desses complexos estão relacionadas à formação e evolução dos gêneros de vida. As primeiras formas históricas de gênero são a coleta, a caça e a pesca, de cunho claramente extrativista, mas que já em si demandam a habilidade criadora do homem. A lavoura e o pastoreio, que vêm a seguir, sedentarizam os homens, e é a sedentarização que cria o complexo agrícola e o complexo alimentar, e em função destes o complexo técnico, de que necessitam para dobrar o meio, e do complexo cultural, para ordenar as convivências da coabitação do espaço, respondendo, assim, pela formação e superposição do elenco de complexos sobre cuja base se erguem as formas mais estruturadas de sociedade. Fundam-se, então, com esses gêneros de vida sedentários, as comunidades aldeãs, uma simples e outras maiores e mais complexas, que irão perdurar até o início da idade moderna.

A evolução da técnica e das relações de intercâmbio que se ampliam no tempo obriga essas comunidades de gêneros de vida simples a se transformarem continuamente, que evoluem sem grandes mudanças até que a aceleração do desenvolvimento das técnicas e das trocas no começo da idade moderna altera suas características inteiramente.

É quando a comunidade aldeã inicia sua dissolução, perante o desenvolvimento de um gênero de vida de base seguidamente mais industrial. Assim, no lugar do complexo agrícola dos regimes alimentares surge um outro tipo apoiado numa combinação de um sistema de cultivos de plantas e criação relacionada ao regime de mercado e uma estrutura agrária de natureza privada, através do qual a sociabilidade comunitária e rural vai dando lugar a uma sociabilidade privada e urbana.

O sistema de cultivos é um "complexo coordenado de exploração do solo" baseado numa combinação das técnicas de ocupação do solo orientada para os fins de cultivo e de criação de gado. A resultante é uma forma de paisagem produzida pela "ideia da finalidade", uma ideia caracterizada por duplo aspecto: "qualitativo, o da natureza dos produtos que se pede ao solo; quantitativo, o da intensidade dos rendimentos" (p. 89). Os sistemas de cultivos podem ser intensivos e extensivos. Os sistemas intensivos caracterizam-se pela extração de um elevado grau de rendimento e produtividade e os sistemas extensivos, pela itinerância. Na Europa sistemas escassamente intensivos evoluem para formas superiores de exploração direta do solo. O tipo tradicional, o sistema de base cerealista consorciado com o gado, de rotação bienal e que incluía o pousio, dá lugar ao sistema aperfeiçoado, o sistema trienal de rotação mais dilatada e sem pousio. Isso ocorreu nas regiões de alta densidade demográfica e que dispunham de esterco em abundância. Mas o móvel é a demanda do mercado, em particular a de produtos alimentícios e de matérias-primas exigidas pela florescente indústria têxtil. A relação de mercado altera e refaz as paisagens e introduz nas regiões ocidentais do continente as culturas herbáceas associadas com a criação intensiva nas pequenas áreas de cultivos e cereais separados dos campos de beterraba nos cultivos médio e grande, e nas regiões mediterrâneas a árvore frutífera associada com cereais e vinhedo massivo. Extrapolando para outros continentes, a relação de mercado opera também transformações, como nas regiões áridas, onde introduz o sistema de irrigação com ocupação contínua do solo e o apelo quase exclusivo à energia humana, e no cinturão tropical, onde introduz o sistema da *plantation*.

Já a estrutura agrária é o complexo que combina os sistemas de cultivos com "a forma da divisão do solo, a distribuição do terreno entre as culturas e as características concretas de destino das parcelas" (p. 95). Não se confunde com o tipo de propriedade nem com o de exploração, sendo antes "um complexo de segunda ordem dentro do complexo rural, e todos os restantes elementos desse que a afetam". Refere-se à extensão e forma das parcelas e ao seu modo de separação no terreno. "A estrutura agrária é uma coisa concreta, parceleira registrada pelo cadastro, materializada no campo por limites, balizas, fossos, valas, muros, taludes plantados ou não. Caracterizam-na duas séries de traços: a extensão e a forma das parcelas e seu modo de separação. Há parcelas de desenho regular, geométrico e há também de configuração irregular – poligonal ou inclusive circular. Umas são grandes; outras pequenas. Das de traço regular, algumas são quase quadradas; outras retangulares, e sua largura pode reduzir-se a dois ou três sulcos". No geral, há na Europa os campos abertos e os campos fechados. Nos campos abertos (*openfield*) "os limites são individuais"; nos campos fechados os limites "estão indicados por um canal, uma mureta, uma sebe viva, um talude plantado, cuja folhagem serve para a alimentação do gado. Então, as árvores dão à região, vista desde seu ponto de visão dominante, o aspecto florestal", residindo nisto o fato de que "a paisagem de floresta é o oposto do *openfield*" (pp. 93-5).

Dessa alteração combinada de sistema de cultivos e estrutura agrária resulta um novo tipo de *habitat* rural, baseado no povoado. O povoado é o "estabelecimento agrícola ou grupo de estabelecimentos que formam bloco ou que pelo menos estão o bastante próximos entre si para que se possa reconhecer a individualidade do conjunto". O povoado é o elemento nuclear do *habitat* rural que então surge, que se pode escalonar em três níveis: a casa isolada (a base), a aldeia (agrupação de casas rurais somando em torno de 125 habitantes) e o povoado (agrupação de casas rurais que conta 300 habitantes). É esse *habitat* arrumado no povoado que reúne "os organismos elementares da vida geral de uma comunidade, tais como os relativos à vida religiosa, administrativa, econômica, de trocas, que trabalham para espontaneamente transformá-lo em um centro regional, surgindo assim uma vida urbana formada de aglomerações sedes de um mercado periódico, de interesse de um cantão, que agrupam uma variedade de serviços comerciais permanentes em torno de organismos administrativos cuja ação se estende a um distrito ou partido, e não dedicam mais que uma parte de suas atividades às funções agrícolas" (p. 97).

O complexo urbano-industrial: a sociabilidade moderna

O povoado cedo, entretanto, observa Sorre, dá lugar à cidade moderna. E esta vem com o surgimento do complexo técnico industrial e do complexo cultural que o acompanha.

A indústria altera as relações de escala, dá um caráter múltiplo e denso à rede dos complexos e introduz uma forma de paisagem homogeneizada nas suas relações técnicas, mudando a ordem do ecúmeno.

Entende-se por indústria o ato da "aplicação de certa quantidade de energia a certa quantidade de matéria com vistas a uma finalidade determinada"

(p. 101). O que significa uma combinação binária de energia e matéria-prima como centro da organização dos espaços. E um processo de formação do espaço escalonado no desenvolvimento das formas de energia, no desenvolvimento das formas de matérias-primas e no desenvolvimento da cidade e da circulação.

O desenvolvimento industrial acompanha na história o desenvolvimento das formas de energia. Pode-se ver essas formas pelas fontes de energia, que classificamos em biológicas (subprodutos do ciclo do carbono) e não biológicas (solar e atômica), ou, numa outra referência, em renováveis ("que se regeneram à medida que se esgotam") e não biológicas ("não suscetíveis de regeneração"). Até a Revolução Industrial imperou a energia humana, a energia dos animais e a energia da madeira. Todavia, a energia humana tem emprego limitado ("o organismo humano é uma máquina de escassa potência unitária") e a da madeira tem um efeito destrutivo ("os homens fizeram ao bosque uma guerra sem quartel"). A partir da Revolução Industrial essas formas vão sendo substituídas por novas formas. Inicialmente usam-se as reservas fósseis de energia biológica (carvão e petróleo), a seguir as de origem hidráulica e por fim as de origem nuclear.

A hulha deu início à Revolução Industrial ("o século XIX foi a idade da hulha"), fornecendo o vapor à máquina, o coque à metalurgia, o gás à iluminação e a força de tração ao trem, atraindo as indústrias para as suas bacias, dispostas em longitude dos pés dos maciços da Manda às nascentes do Oder, e dominando o sistema industrial até 1935, quando lhe proporciona 62% da energia utilizada. A partir de então, o petróleo a substitui, fornecendo energia ao motor de explosão ("o que a máquina a vapor foi para a hulha, o motor de explosão o foi para o petróleo") e materiais para a indústria química, e revolucionando os transportes ("o século XX é o século do petróleo e da velocidade"). Em paralelo a essa passagem da energia da hulha para a energia do petróleo, desenvolve-se a técnica da energia hidrelétrica, combinando a invenção da turbina (século XVIII) ao dínamo.

Essa exploração e sucessão temporal das fontes de energia rearruma as relações espaciais e cria um quadro em cujo visual se combinam ainda as paisagens da hulha, do petróleo, da usina hidrelétrica e da usina nuclear. A paisagem da área carbonífera inclui os poços e galerias, ou as escavadeiras quando a escavação é feita a céu aberto, e a diversidade dos equipamentos de superfície (escoramento, poleia de rolo de cabos, dependência das máquinas, monte de escórias, instalação do ar comprimido), entremeados do visual externo com a coqueria (visível à noite pelas altas chamas dos seus fornos), a rede de ferrovias e canais, a central térmica (coração do conjunto) e o povoado mineiro (densamente habitado e situado a uma certa distância da mina). A paisagem do campo petrolífero, mais simples e menos adensadora de população, inclui o bosque de gruas, os tanques cilíndricos para o óleo mineral e os esféricos para o gás, às vezes acrescentando os equipamentos da refinaria (destilação e craqueamento). A paisagem da usina hidrelétrica, ainda mais simples e menos povoada, inclui, em meio à topografia local (montanhosa ou plana), a represa, a reserva lacustre, o canal de vazão e as instalações da central. A paisagem da usina nuclear, por fim, junta à simplicidade destas últimas o problema de uma localização que ofereça a máxima segurança à população local.

É, entretanto, o desenvolvimento da técnica do transporte da energia elétrica a grande distância o que na prática vai rearrumar o espaço em vista do desenvolvimento da indústria. Apesar do problema do custo (o potencial cai com a distância, elevando o custo do transporte e então o preço do consumo industrial da energia), representa "o triunfo definitivo do homem sobre o espaço", de vez que "a transmissão de força torna possível a interconexão de mananciais de energia elétrica, qualquer que seja sua origem, permitindo sua utilização racional, seja qual for a hora, ao tempo que a estação iguala as condições em espaços imensos" (p. 112).

O desenvolvimento industrial acompanha também o desenvolvimento das formas de matérias-primas. Até o século XIX a atividade industrial repousa em grande parte no emprego das matérias-primas de origem animal (lã, peles, couro) e vegetal (alimentos, produtos lenhosos, fibras), e, assim, de materiais oriundos da agropecuária e da atividade extrativa, cujo consumo industrial não requer maiores tratamentos que impliquem em alterações de sua estrutura íntima. A atividade industrial está representada em geral pela indústria têxtil, que de inicio substitui as fibras tradicionais, não tropicais, pelo algodão. Entretanto, à medida que a atividade industrial se desenvolve seu centro se desloca para o ramo da metalurgia e as matérias-primas de origem mineral (óxidos, carbonatos, sulfatos, sulforetos, asseniatos) vão adquirindo importância predominante e substituindo as matérias-primas agrícolas e animais nos processamentos produtivos.

Os minerais sempre foram empregados na indústria. Mas só agora se alçam à condição de principalidade entre as matérias-primas. Segundo essa perspectiva, os minerais podem ser classificados em quatro grupos: os minerais que se usam desde tempos remotos (ferro e cobre), os minerais relacionados ao progresso contemporâneo da técnica (metais leves, como o alumínio), os minerais que entram na composição das ligas (níquel, volfrâmio, tungstênio, molibdênio) e os minerais do futuro (radioativos). Essa classificação permite traçar inclusive uma periodização da história das civilizações, tomando por referência o "ciclo das matérias instrumentais": idade da madeira, idade da pedra, idade do bronze, idade do cobre, idade paleotécnica do ferro, idade neotécnica do ferro-aço e idade do alumínio (pp. 117-8). Desse modo, a geografia das matérias-primas e dos tipos de materiais muda com as épocas e, no transcorrer do tempo, caracterizar-se-á simultaneamente por um aumento das massas tratadas e por uma diversificação dos metais e das espécies de minerais.

O efeito da combinação das novas formas de energia e de matérias-primas é decisivo sobre a localização das indústrias. O horizonte das relações espaciais torna-se, então, ilimitado. E "eis-nos bem longe da inércia do mundo rural" (p. 132).

Historicamente a localização industrial caminha da dispersão para a concentração. Numa primeira fase da evolução, ainda no seu período rural, as indústrias são artesanais (madeireiras, têxteis e serralherias) e vigora a dispersão. Na segunda, na "fase de transição", a produção fabril se instala em um pequeno centro urbano e associa-se ao trabalho a domicílio, ao tempo que se dispersa pelas áreas rurais sujeitas à regulação de conjunto pela pequena cidade. Chega-se, então, à terceira fase, em que a "grande indústria vence por fim", determinando a concentração.

Podemos reconstituir essas três fases de desenvolvimento industrial tomando para exemplo várias partes da Europa, como o norte da França (serralheria e têxtil), o Jura francês e suíço (mercenaria e relojoaria) e vários centros da Alemanha (têxtil e metalurgia), nas quais "as casas dos camponeses-operários, reunidos em povoados ou aldeias, conservam as disposições que permitiam utilizá-las como oficinas" ou onde "eram outras as relações, nascidas da atividade agrícola, entre a pequena cidade e o meio local, a manipulação dos despojos animais dando origem, na maioria dos centros urbanos, a uma pequena indústria de curtição, que seguiu florescendo até uma época bastante recente; por outra parte, a multiplicidade dos tipos de aparatos domésticos de fusão ou de terra favoreceu a atividade de pequenas fundições locais ou de fornos de cerâmica. Diante, no entanto, da introdução dos tratamentos químicos do couro e da padronização de todo o equipamento doméstico, um movimento de concentração arruinou parte destas indústrias e diminuiu a importância das restantes" (p. 133).

A liberação locacional multiplica e expande as indústrias, intensificando a transformação da paisagem rural que vinha se dando desde seu surgimento na Inglaterra no século XVIII.

Todavia, até o final do século XIX o efeito espacial da indústria é ainda pouco intenso, já que "a forma moderna de introdução da indústria no meio rural consiste na criação de uma fábrica cuja mão de obra o campo circundante proporciona. O surgimento da indústria é, com frequência, fruto de uma iniciativa forasteira, e ora ocupa seus operários de modo permanente, ora só os absorve numa parte do tempo. A forma do *habitat* se modifica unicamente no primeiro caso pela criação de uma aldeia ou um povoado industrial. O emprego parcial de mão de obra que não desenraíza o homem parece ter muitas vantagens. Na realidade, seus inconvenientes são aparentes – fadiga do operário e baixa qualidade do trabalho, ausentismo – e parecem dominar" (p. 134).

É só na virada do século XIX para o XX, com o advento das formas de energia e de matérias-primas da segunda Revolução Industrial, que anteriormente analisamos, que o impacto será mais amplo e profundo, proporcional à forte concentração técnica e territorial que a indústria assume e junto com ela a cidade. É quando surge a face real da indústria moderna, a grande aglomeração, cujo elemento gerador, a escala técnica – que "pode ser mais ou menos importante, pode estar mais ou menos ligado ao meio" a exemplo da indústria extrativa da hulha e dos minerais metálicos –, atua como concentrador de indústrias e população urbana, formando os grandes complexos urbano-industriais que desde então irão polarizar os espaços em escala mundial (p. 135).

É, no entanto, o desenvolvimento da cidade e da circulação, já antecipado pelo desenvolvimento das formas de energia e matérias-primas, em sua combinação binária, que vai levar o espaço urbano-industrial à condição de um complexo.

A cidade industrial é no começo uma aglomeração de centros urbanos que agrupam as fábricas em colônias, ocupando continuamente o solo com sua numerosa população, dando às vezes a impressão de formarem um núcleo urbano, mas que não "são mais que, propriamente falando, justaposições de fábricas, revelando a monotonia da paisagem um inacabado processo de urbanização". Falta a esta cidade de colônia de fábricas "o entretecido dos serviços que assegura sua solidez e lhes dá uma tendência para crescer". A "cidade de colônia de fábricas" logo dá lugar a formas mais completas de cidade. São as "cidades de indústrias múltiplas, sedes de complexos industriais no autêntico sentido do termo", que, por servirem-se de "uma comunidade de condições geográficas favoráveis, situação, presença de energia, mão de obra etc.", cujas empresas-chave se rodeiam de satélites, expressam na paisagem a urbanização completa (p. 136).

Dessa cidade complexa passa-se, "insensivelmente, aos complexos regionais". Consistem os complexos regionais num novo patamar de escala de complexidade, uma vez que "compreendem, junto às cidades monitoras, as metrópoles, os povoados de uma mesma região que têm vínculos econômicos com ela". O Lancashire do começo do século, "verdadeiro modelo de organização hierarquizada", constitui um exemplo perfeito de complexo regional, com a sua metrópole absorvendo e formando com as cidades satélites uma grande conurbação.

Essa crescente complexificação do espaço criada pelo desenvolvimento da grande indústria culmina nos "complexos de complexos". Isto é, na rede dos "conjuntos formados pela reunião de complexos elementares próximos entre si e mais ou menos associados em seu funcionamento", que se unificam com as "combinações financeiras em regime capitalista (a economia planificada é o correspondente socialista)", e que "criam entre si fortíssimos laços de solidariedade", "formidáveis complexos" nos quais "sente-se o bater do pulso econômico do mundo". São os "polos econômicos" de F. Perroux, "cujo âmbito não é só a zona limitada onde se encontram suas atividades de produção, mas toda a área em que se dispersam seus produtos e cuja vida depende em grande parte da deles, um espaço cambiante, sem fronteiras, nem limites" (p. 136), considerações que "devolvem o geógrafo à noção basilar do ecúmeno".

Mas a conquista, unificação e complexificação industrial-financeira dos espaços só se realizam por intermédio do progresso dos meios de transporte e comunicação. Conjugados às redes de transmissão de energia, os transportes vencem a "influência da gravidade e outros obstáculos" fundando, então, a serviço da indústria e da finança, o movimento geral da circulação (p. 137).

A vitória da mobilidade contra os "efeitos da gravidade" deu-se primeiramente no domínio continental, passando depois ao marítimo seguido do aéreo e terminando no submarino. A história dessa evolução é a história do motor, das vias e dos agentes. A invenção da roda no domínio continental e da hélice nos demais (água e ar) ocupa um lugar central nessa progressiva liberação do homem do seu limite geográfico. A invenção da roda, "comparável na ordem mecânica à da descoberta do fogo na ordem energética", é a chave da revolução do transporte de estrada.

Até o meado do século XIX o transporte é hipomóvel. A estrada é a via e o lombo e a tração animais são os meios de transporte. O homem referencia-se na natureza, repetindo o itinerário dos animais em sua transumância sazonal, tomando as aguadas como pontos de pousada nos desertos e fazendo seus caminhos convergirem para os desfiladeiros nas áreas montanhosas. Os meios de transporte são locais: trenós nas áreas frias, caravana de bois ou de camelos nas áreas estépicas e o próprio ombro humano nas florestas tropicais. O carro de rodas com tração animal disciplina e fixa os caminhos. A estrada, "construída para resistir à força do desgaste da roda, a ferida do boi e do cavalo", com "sua superfície úmida, elástica" e que "deve ser preservada das arremetidas do clima, do gelo, da chuva, da neve, do vento", substitui a pista, faz da rapidez, da frequência regular e da comodidade qualidades do transporte.

E se faz assim assunto do Estado, porquanto "seu traçado e conservação põem problemas que não podem resolver-se senão pela ação dos poderes públicos". Dessa forma, a circulação torna-se um fato político, como o exemplifica o Império romano. Quando entramos então no mundo moderno, "no momento em que o Estado cobra plena confiança de si mesmo, em que assoma no horizonte uma economia nova, em que nos países-berço da civilização industrial cresce a massa das matérias transportáveis" e novas necessidades forçam a novos aperfeiçoamentos da estrada através da macadamização e da engenharia de perfuração. Surgem, com isso, as redes de grande escala, que tornam mais fáceis as relações locais e regionais e aumentam o poder de penetração da circulação. O transporte por estrada com base hipomóvel é esticado até seus limites (p. 139).

A partir dos meados do século XIX (1836-1840), com o emprego da máquina a vapor, o eixo dos transportes se desloca da estrada para a ferrovia. A invenção da ferrovia significa um tipo de via menos sujeita à influência da gravidade, porquanto trata-se de "uma via em que as rodas giram sobre trilhos metálicos paralelos, encontrando o mínimo de resistência", uma nova forma de tração cuja capacidade de transportar material pesado faz da civilização sua tributária ("não se pode imaginar uma sem a outra"). Surgida nos fins do século XVIII, a máquina a vapor é, entretanto, "uma máquina de escasso rendimento", de constante e alta perda de energia. Por isso, não obstante aperfeiçoar-se no correr do século XIX, é ela substituída no final desse mesmo século pelo motor de explosão. Assim, a locomotiva a carvão é substituída pela locomotiva a diesel, para ser logo a seguir substituída pela locomoção elétrica. Liberando-se a máquina do peso do transporte de água e do carvão e aumentando-se sua potência unitária, aumentam-se a capacidade de tração, a velocidade, a massa de materiais pesados transportável, a qualidade dos serviços, além de que se propicia a introdução da especialização do transporte de mercadorias, vista às vezes na formação de longuíssimos comboios desenhados para fins específicos.

Mas a descoberta da máquina a vapor desloca, por sua vez, o eixo dos transportes ao mesmo tempo também para a navegação. Até antes dos meados do século XIX, pouco no Ocidente se aventurara ao alto mar, além de que a navegação marítima limitava-se praticamente aos três berços regionais de origem da técnica náutica (o Pacífico oriental, o Mediterrâneo oriental e a Escandinávia). Junto à estrada, desenvolvera-se o transporte fluvial, "que pertence naturalmente à circulação continental", porquanto são "vias de penetração do interior dos continentes". O progresso da industrialização introduz grande utilização dos rios na Europa, pondo-os lado a lado com as estradas e as ferrovias. Para tanto, procederam-se a diversas obras de correção dos seus cursos e abriu-se uma série de canais com fins de interligar-se as vias fluviais em rede. Essa navegação fluvial combina-se à atividade litorânea, que movimenta com a pesca e as trocas uma intensa navegação costeira.

É nesse momento de auge da combinação ferrovia e navegação marítima de grande curso que surgem o automóvel e o caminhão, produzindo-se o renascimento da estrada. E com esta moderna forma do transporte rodoviário, vem a vitória do homem individual sobre os espaços. Transporte "de enorme dutibilidade, em todas as distâncias, individual ou familiar", o automóvel "libera o usuário da sujeição a um itinerário e horários fixos". Mas é o caminhão que resgata para a estrada o papel anteriormente usurpado pela ferrovia no transporte de carga pesada, revalorizando-lhe a vantagem do menor custo de manutenção, da supressão do transbordo e da entrega porta a porta.

Com o surgimento do transporte aéreo o horizonte espacial, já dilatado pela moderna estrada, se abre de vez. "Nossa emancipação da servidão da gravidade se vê afetada por uma surpreendente aceleração." Assim como a navegação marítima, que se beneficiara da evolução técnica do transporte ferroviário, o transporte aéreo se beneficia do princípio da hélice que revolucionou o transporte marítimo. Esse princípio consiste em fazer da máquina por si seu próprio ponto de apoio, isto liberando "definitivamente o homem dos limites do seu âmbito geográfico". A velocidade assim agigantada leva as distâncias a uma redução fantástica de tempo, criando-se por efeito da técnica uma diferenciação entre distância-real e distância-tempo, que, sobretudo com o transporte aéreo, resulta num encurtamento da distância-real daí para diante incessante. Para ter-se ideia desse fato, basta verificar-se que a travessia Paris-Nova York cai de 20 horas para 9 no sentido da ida e de 14 horas para 7 no sentido do retorno, e o trajeto Roma-Paris cai de 6 horas para 2, ao tempo que, com os aperfeiçoamentos, o avião transporta maior quantidade de passageiros e de carga e a evolução do sistema de comunicação por rádio e radar aumenta a autonomia de comando e a segurança de voo.

O aumento do movimento da circulação intensifica o movimento das trocas. E estas dilatam o conceito da circulação com a criação do circuito do fluxo da moeda em grande escala.

Os "signos representativos" desse processo foram por um tempo artigos ou metais, "aos quais, por convenção, se atribui um valor próprio". Depois, veio o ouro, e o crédito de um Estado passou a ser medido por sua reserva de ouro. Por fim, chega-se "à massa dos signos representativos que consiste hoje em papéis".

É quando a cidade assume a rédea do comando da organização do espaço e se autotransforma ao transformar o ecúmeno do planeta numa grande rede de complexidade.

A cidade sempre se fez presente na história. Mas em cada momento o faz de maneira diferente. Uma distinção evidente é a estrutura das ocupações. "Um povoado, qualquer que seja a sua importância, é uma justaposição de unidades agrícolas funcionalmente equivalentes e autônomas. A esta monotonia se opõe a diversidade das ocupações dos moradores das cidades, o número de ofícios, a variedade dos grupos elementares que integram o corpo urbano, a riqueza de suas relações de colaboração, de dependência, de hostilidade" (p. 209). Outra distinção é a densidade, forçando a "uma economia de espaço que imponha a continuidade da sua ocupação e a construção no sentido vertical". Por isso, outra ainda vem por conta do seu traçado. Mas em todos os tempos, a cidade expressa nas suas formas de ocupação, na densidade dessa ocupação e no traçado de suas plantas a cultura da época. "Todas as grandes culturas encontraram sua forma definitiva em um tipo urbano. Seus traços materiais e espirituais se refletiram nele e seu período de plena prosperidade sempre coincidiram com uma floração urbana original. A história apresenta uma sucessão de períodos de criação urbana e cada um deles corresponde a uma fase de civilização em que cada civilização imprimiu sua cor às cidades que erigiu ou aos bairros que acrescentou às civilizações anteriores, quando não as modificou radicalmente para adaptá-las a suas próprias necessidades" (p. 210).

As cidades modernas se escalonam "numa verdadeira hierarquia funcional". E organizam o todo do espaço nacional nessa mesma hierarquia. No nível inicial estão os "pequenos núcleos regionais" voltados para responder às necessidades econômicas, políticas e espirituais de um distrito agrícola, cujo dia a dia reproduz. Assim, "feiras e mercados marcam o ritmo de sua vida ao longo do ano. Com frequência, uma pequena indústria fundada sobre a produção ou as demandas da circunscrição anima um arrabalde" (p. 212). Num nível acima, estão as "cidades de extensa função regional, núcleos urbanos de população variável entre uma dezena e uma centena de milhares de habitantes", que coordenam as atividades de uma área regional fortemente afetada pela industrialização e na qual pontilham cidades de nível inferior e em cuja organização espacial o antigo núcleo urbano internalizado e separado pelos bulevares (o *ring*) se distingue da área circundante onde se sucedem os bairros comerciais, os bairros industriais e os subúrbios com suas fábricas disseminadas na paisagem agrícola dos limites mais longínquos (p. 215). Acima desse nível regional, por fim, situadas num plano superior da rede, estão as "grandes cidades", concentrações "desmesuradas", "monstros demográficos com um milhão ou mais de habitantes e que são uma característica de nossas civilizações contemporâneas". É a cidade da forte urbanização produzida pela industrialização moderna.

É quando a cidade vira uma metrópole, integrando suas relações num só mundo e engolfando nessa rede o espaço dos Estados. "Nos albores do século XIX, a Europa conta com uma cidade de um milhão: Constantinopla. Em 1959 tem vinte. E a América do Norte possui 14". Essa metropolização cria uma configuração, estudada por Burgess (modelo concêntrico) e Hoyt (modelo setorial), em si reveladora da extraordinária dinâmica alcançada pela vida urbana, que diferencia o espaço urbano em distintos níveis: "1º: O núcleo central, coração e cérebro da cidade, apesar de sua importância funcional, tem uma densidade reduzida ou, para dizê-lo, opõe a uma intensa densidade diurna outra noturna quase nula: na região central ou em suas cercanias se levantam construções, que a técnica do ferro e do concreto armado tornaram possíveis; 2º: O anel que se segue apresenta violentos contrastes entre seus diversos setores. A população rica que vivia em uma parte de seus distritos os abandonou, deixando o local para uma classe social cada vez mais pobre, descuidando-se da conservação dos imóveis. Desse modo se formaram os setores deteriorados das metrópoles (*loops* de Chicago, *slums* do East End londrino e ilhas insalubres dos distritos centrais de Paris); 3º: na faixa anelar seguinte aparecem os maiores contrastes entre os setores residenciais. Em sua periferia situam-se as grandes instalações industriais; 4º: nesta zona de lutas e tensões em que coexistem vizinhos e em plena desordem, multiplicam-se indústrias, blocos residenciais, restos da natureza (parques e bosques) e campos e prados periféricos. Três tipos de residência, uma população dispersa, espontânea; grupos rurais ou semiurbanos absorvidos pela cidade ao longo de seu crescimento; blocos criados de uma peça em época recente (as parcelações). A primeira tarefa do urbanismo consiste em voltar a pôr ordem neste crescimento anárquico deixado até agora em mãos de interesses particulares. Deve dispor a distribuição em zonas (*zoning*) de acordo com a exigência da higiene e do emprego; 5º: as diferenças de potencial entre as áreas urbanas engendram movimentos cotidianos, migrações de trabalho (movimentos pendulares). São, sobretudo, deslocamentos radicais entre as áreas residenciais das zonas exteriores e as áreas centrais. Porém há também deslocamentos tangenciais entre os setores de uma mesma zona. Os primeiros, os mais importantes, afetam massas que em alguns casos se aproximam de milhões de pessoas. Sua amplitude está em proporção com a capacidade e a rigidez dos meios de transporte; 6º: destes meios de transporte depende a expansão da aglomeração urbana e de suas dependências no meio rural. A multiplicação dos transportes coletivos (ferrovias e ônibus) e individuais (bicicletas, motocicletas, automóveis) tem sido o instrumento do vitorioso auge dos arrabaldes. O limite teórico do subúrbio seria a linha que circunda todas as áreas edificadas, uma importante parte de cuja população se translada todos os dias para o centro. Seu traçado coloca mais dificuldades, na prática, do que poderia parecer, desde o momento em que o critério da contiguidade, durante tanto tempo considerado como atributo indispensável do esforço urbano, deixa de intervir; 7º: tanto mais quanto que em certas metrópoles americanas como Nova York, ao terminar ao fim do horário de trabalho a necessidade do transporte cotidiano, muitos cidadãos podem desdobrar uma atividade agrícola especializada e frutífera em uma extensa zona. A oposição cidade-campo se dilui" (pp. 217-8).

A cidade se torna o espelho do mundo com seus hábitos e costumes. E o vetor desse domínio é a sua fusão e a fusão dos povos do mundo na sociedade de consumo. Assim, na medida em que o consumo urbano dá um sentido cosmopolita ao regime alimentar, os complexos alimentares se aproximam e tendem a se dissolver num mesmo padrão. "A exploração dos recursos de todas as zonas climáticas, o progresso dos transportes, têm permitido constituir em primeiro lugar, em benefício das populações urbanas, um regime alimentar que se estende progressivamente a todas as pessoas de cultura europeia, sem distinção de *habitat* e nível social. Caracteriza-se pelo consumo de produtos extraídos de todos os climas, pela busca dos alimentos mais ricos e de volume reduzido e pela tendência para normas científicas. Sob a égide da ciência trofológica se realiza essa evolução, que faz as massas passarem de uma alimentação pobre para a baseada na conquista do pão branco, para logo a seguir diminuir a importância deste em favor da carne e do açúcar, e finalmente chegar a implantar, por cima das dominantes cerealísticas e baseadas na carne, um regime mais equilibrado, no qual as hortaliças, as frutas e os produtos lácteos acrescentam uma notável contribuição". É assim que "tanto em Paris, como em Londres ou em Nova York, o balcão dos supermercados evoca todas as paisagens do globo" (pp. 31-2).

Ao integrar o mundo nas suas relações e englobar em sua teia o próprio corpo do capital, a cidade-metrópole infunde nos povos nesta escala os hábitos e costumes que dela fazem o gênero de vida e a forma moderna da sociabilidade.

Pierre George: espaço organizado e não organizado em *A ação do homem*

A ação do homem é um livro publicado em 1968. Usamos a edição brasileira de mesmo ano da Difel, São Paulo. É a síntese mais elaborada do seu pensamento.

George é conhecido por vários de seus trabalhos. Mas, sobretudo, pela orientação social que imprime ao pensamento geográfico, sendo considerado por isso um dos criadores de uma Geografia Social. No Brasil é conhecido por essa linha de reflexão e pela permanente preocupação com a questão teórica.

De certa forma é o geógrafo mais identificado entre os clássicos com a visão espacial da Geografia, a ponto de poder-se considerar que para ele a Geografia se identifica pela categoria do espaço. E é a categoria do espaço que arruma sua visão de mundo em *A ação do homem*, uma ação histórica por excelência.

O espaço não organizado: a "geografia natural sofrida"

Parte da humanidade, diz George, vive ainda em sociedades de espaço pouco organizado pela ação do homem. Todavia, é hoje restrita e cada vez menor a quantidade dos homens ainda sujeitos ao tempo e ao ritmo de vida natural no planeta.

Nas formas de sociedade em que vivem, é a natureza que distribui e organiza o espaço e embora longe de passiva "a marca da ação humana é nula e imperceptível" na paisagem (p. 10). Essa ação humana se dá num quadro ainda ecológico tomado como um todo sacralizado. Cada todo comunitário, mesmo se o ritual antropológico mostra semelhança, é um gênero de vida marcado por uma pletora de formas próprias. A cada qual corresponde "simultaneamente, uma imagem do mundo – de que a língua é um reflexo direto –, um conjunto de mitos e ritos, de estruturas sociais de grupo e uma combinação concreta de ações materiais, destinadas a assegurar a alimentação e a proteção do grupo em relação às agressões do meio, sem modificá-lo em nada" (p. 11).

A técnica acompanha, embora de modo criador, a modalidade e o ritmo desse modo de vida natural, que se pauta pela "aquisição e preparação de alimentos, confecção do vestuário, construção ou simplesmente arrumação do abrigo, modos e importância das deslocações", mas que denota cristalinamente que nessas sociedades "é importante separar os aspectos materiais dos gêneros de vida de todas as manifestações que acompanham e, não raro, lhes dão significado, seja as suas crenças, suas práticas sexuais, suas interdições e seus tabus, seja a sua divisão ritual do tempo entre diversas atividades e suas articulações do tempo vivido, marcadas pelas festas rituais, que são, amiúde, outras tantas atitudes conservadoras das possibilidades de subsistência" (p. 14).

Organizados em sociedades que se alicerçam "sobre uma cosmogonia da noite, do gelo e da tempestade", tais grupos humanos são em número "reduzidíssimo" e habitam as terras marginais do ecúmeno (grande floresta, desertos quentes, ilhas isoladas do Pacífico, tundra, montanhas altíssimas). No seu conjunto "compõem uma cartografia humana que se confunde à cartografia natural" (p. 21).

O espaço organizado das sociedades de base agrícola

A maioria dos homens vive em sociedades em que a ação de organizar o espaço como elemento de organização da sociedade é um dado histórico chave. E podemos diferenciá-las em dois grupos: a sociedade de espaço organizado com base agrícola e a sociedade de espaço organizado com base industrial.

O espaço agrícola foi a primeira forma histórica de espaço organizado. E refere-se no passado a uma forma de sociedade rural, cujo traço distintivo é sua forte vinculação a um tempo de ritmo marcadamente natural. São peculiaridades do tempo nessa sociedade o ritmo da sazonalidade e o domínio do ciclo vegetativo, peculiaridades fundamentais ainda nas sociedades de hoje, marcadas pelo tempo técnico.

O clima é o fundamento dos ritmos e dos ciclos nessa forma de espaço, criando duas situações: 1) a dos países temperados de inverno forte, em que "a queda da temperatura interrompe a vida das plantas e, salvo em algumas regiões favorecidas, obriga o lavrador a proporcionar abrigo hibernal ao gado", e quando é mais forte "é a estação dos trabalhos florestais e dos trabalhos domésticos", e quando é mais moderado "é uma estação de circulação, de trabalhos de manutenção, de mercados, de estágios técnicos nas regiões mais evoluídas"; 2) a dos países tropicais de estação seca, em que por meio da irrigação "é possível a prática de uma agricultura ininterrupta", exceto nas áreas de monoculturas, em razão da qual "a situação dos trabalhadores agrícolas se apresenta mais crítica". Essa sazonalidade se traduz numa diferenciação do ciclo vegetativo das plantas. E leva à necessidade de se articular o ritmo dos ciclos vegetativos com o das demandas do mercado por intermédio do calendário agrícola. Atuando como uma charneira, o calendário agrícola integrava no passado num só espaço a atividade agrícola, a indústria artesanal e a cidade, e por esse meio articulava o trabalho e o mercado. Por isso o calendário agrícola marcava o ritmo da produção e das trocas pela época das festas e feiras. Relações que a técnica moderna vai têmporo-espacializar de outros modos.

Seja como for, a sazonalidade sempre interfere na regularidade anual da oferta dos produtos agrícolas e no ritmo do trabalho rural em qualquer época, gerando nas sociedades modernas oscilações de preços e de oportunidades de emprego. O problema da oferta nessas sociedades resolve-se por três formas:

1) a criação de variedades precoces e tardias entre as espécies, "que permitam encompridar o período da produção"; 2) a propagação das culturas por áreas diferenciadas e climaticamente iguais, que contrabalançam as oscilações do mercado; e 3) o aperfeiçoamento das técnicas de acondicionamento e conservação dos produtos, que aumentam sua durabilidade, como a dessecação do leite, dos legumes e das frutas. Já o problema do ritmo do trabalho e emprego rural encontra solução na tentativa de estender às áreas rurais a regulamentação do trabalho que já é habitual entre os operários urbanos.

O espaço agrícola distingue-se em três modalidades segundo a forma como a paisagem expressa a relação espaço-tempo: 1) o da paisagem contínua no espaço e no tempo; 2) o da paisagem descontínua no espaço e contínua no tempo; e 3) o da paisagem descontínua no espaço e no tempo (p. 41).

A paisagem rural é contínua no espaço e no tempo nas áreas do espaço agrícola europeu. A continuidade espacial combina a diversidade, uma vez que a paisagem agrícola "envolve, sob a forma de ilhotas residuais, de extensão relativamente pequena, os maciços florestais e circunda as zonas industriais e urbanizadas da sua trama de campos semeados de aldeias e de soutos pontilhados de pequenas fazendas isoladas e lugarejos. A observação aérea e a aerofotografia mostram claramente a predominância das paisagens agrícolas sobre as paisagens chamadas naturais, que se limitam, praticamente, às paisagens florestais e às paisagens oriundas da degradação das florestas, das charnecas, dos cerrados e das landas" (p. 42). E esta continuidade espacial é uma forma ao mesmo tempo de continuidade temporal. "Seja qual for a estação, tudo parece tratado, humanizado. Os alqueives, onde ainda existem, não se distinguem sensivelmente dos campos nem das pradarias utilizadas durante o ano, porque não são mais do que a forma temporária da interrupção das culturas". A unidade espaço-tempo relaciona-se aos meios de comunicação em seu ato de totalizar as frações de áreas. E "o conjunto é encerrado como numa rede pelas malhas dos caminhos e estradas" (pp. 41-2).

A paisagem rural é descontínua no espaço e contínua no tempo, nas áreas de culturas irrigadas e intensivas da faixa de terras áridas que se alonga do Mediterrâneo europeu ao Extremo Oriente asiático. A descontinuidade espacial gerada pela alternância da água e do relevo é equilibrada pela continuidade temporal propiciada pela permanência da temperatura elevada todo ano. "Trata-se de uma terra carregada de forte densidade de lavradores, que precisa corresponder a uma grande procura. Descontínua no espaço, essa paisagem rural representa uma utilização tão ininterrupta quanto possível no tempo" (p. 47).

Por fim, a paisagem rural é descontínua no espaço e no tempo nas áreas de culturas itinerantes do mundo intertropical africano e americano baseadas na queimada. E isso tanto na policultura aldeã africana e cabocla americana – que "cria apenas esboços de paisagens rurais temporárias, que mal se distinguem da floresta secundária, onde gravita o nomadismo cultural, clareira queimada mal liberta das suas árvores, aldeia provisória de madeira, cipós e de folhagens, frequentemente empoleirada sobre um assoalho erguido a alguma distância do solo, para proteger os seus habitantes dos animais, que se abandona ao cabo de dois ou três anos, para recomeçar um pouco mais adiante", e a permanência da aldeia em meio à itinerância das culturas dá o tom das diferenças entre as paisagens africana e americana, de resto semelhantes –, quanto na monocultura das *plantations* artificialmente aí introduzidas pelo colono europeu, com sua organização empresarial e paisagem mais permanente (p. 52).

Já do ponto de vista da organização econômica e social o espaço agrícola pode distinguir-se em: 1) economias rurais de setor comercial fraco e mais voltadas para a autossuficiência; 2) economias de mercado coexistente com a autossubsistência; 3) as economias integralmente de mercado; e, 4) economias de mercado de origem colonial (p. 59).

Nas economias rurais de fraca relação de mercado é o grupo social que assegura sua própria subsistência, organizando-se como uma unidade fechada e autossuficiente de produção e consumo. O problema da relação necessidade-produção se resolve por subordinação da produção ao autoconsumo, a ele condicionando-se inclusive toda inovação técnica considerada capaz de romper com o equilíbrio existente. Trata-se de uma economia de sociedades fechadas, isoladas e conservadoras, afetadas somente pelo risco do impulso demográfico ao qual as gerações mais jovens respondem com o êxodo rural. Encontramo-la nos continentes americano, africano e asiático, difundida nos interstícios de um mundo cada vez mais mercantil e urbano sem relação com uma sociedade urbana que por sua vez é estranha à terra.

Nas economias de mercado coexistente com a autossubsistência a cidade local é o "intermediário das trocas a média distância, transportando para outra cidade os produtos do seu território comunal, e ali distribuindo produtos trazidos de longe pelas caravanas ou navios dos mercadores" (p. 65). E o campo é o domínio do contraste entre o grande proprietário, beneficiário também da propriedade e da renda predial urbana, e a massa dos camponeses que trabalham a terra como parceiros. Os conflitos de terra são frequentes e são encaminhados ou atenuados por reformas agrárias de diferentes matizes e pela crescente vinculação dos camponeses ao mercado das cidades de maior porte regional que vão surgindo, oferecendo-lhes a oportunidade de escapar do controle e tutela das cidades rurais sediadoras da velha classe dirigente rural. Tal é o que encontramos nas sociedades mediterrâneas do Velho Mundo.

Já nas economias integralmente de mercado a organização do espaço agrícola é o fruto de um longo processo de transformações que começa no século XII com a transferência para as cidades da "fortuna predial e do poder de decisão dos senhores do solo e dos notáveis rurais", que as fez se tornarem cidades-mercados, "dando-lhes uma função de direção, que elas originariamente não tinham". Por um certo tempo, a relação mercantil só afetará parte da população, "permanecendo a massa camponesa em estado de economia natural e não chegando ao mercado senão através de uma fração muito pequena de seus produtos e do seu consumo, e com maior frequência dos produtos de artesanato rural do que dos próprios produtos agrícolas" (p. 66). A indústria ocupa aqui o papel da transformação e definição do arranjo do espaço.

Nas economias de mercado de origem colonial, por fim, o espaço agrícola diferencia-se em sua evolução segundo se trate dos países tropicais ou temperados. Os primeiros, ainda marcados pela estrutura latifundiária "de tradição espanhola e portuguesa", encontram-se hoje em crise. Os segundos, estruturalmente reconvertidos pela economia industrial, viram sua agricultura voltar-se para o mercado interno, "que cresce em procura de qualidade e diversidade mais depressa do que em procura de quantidade, mas que está longe de ser desprezível".

Na prática, toda essa diversidade de formas do espaço agrícola pode ser sintetizada em três modalidades de tipos, tomando em consideração suas respectivas formas de paisagem: 1) a paisagem tradicional "das velhas economias e sociedades rurais dos países subdesenvolvidos" latino-americanos, africanos e asiáticos; 2) a paisagem transformada por uma história de modernização das sociedades seja do Mediterrâneo, seja do Ocidente europeus; e 3) a paisagem reestruturada pela ação das diferentes reformas agrárias.

Vê-se que há um encadeamento histórico na diferenciação e formação dessas três modalidades de paisagens de espaço agrícola.

O espaço organizado das sociedades de base industrial

A emergência da indústria no cenário da história, diz George, estabeleceu uma nova forma de organização geográfica dos homens no planeta e levou as sociedades a um modo de vida marcado por uma dinâmica nova de tempo e espaço. Em face disso, o espaço industrial seguiu-se e se sobrepôs a todas as formas rurais de espaço agrícola no tempo, industrializando-as e a todos os pedaços de espaço no planeta.

Por espaço industrial entende-se "o espaço efetivamente mobilizado pela produção industrial ou o espaço interessado, em graus diversos, pelo desenvolvimento das técnicas e da economia industrial" (p. 100). O espaço industrial é descontínuo, concentrado, universal, relacional, móvel e tecnicamente temporalizado. E nele se inclui toda a extensão absorvida diretamente ou não pela relação industrial.

A descontinuidade é um dado da paisagem, uma vez que o espaço industrial, à diferença do espaço agrícola, apresenta-se como manchas de concentração pontualmente localizadas.

A concentração tem relação com o "reduzido número de países que apresentam relativa densidade de industrialização, no seio dos quais a produção industrial ocupa superfícies restritas" (p.101). Pode-se distinguir na paisagem a região industrial ("amplidão de vários milhares a várias dezenas de milhares de quilômetros quadrados, podendo ser muito condensada, como é o caso da Europa Ocidental e Central ou do Japão, ou muito extensa, como no caso dos Estados Unidos") e o centro industrial ("núcleo de fixação de uma ou várias empresas, de um ou vários ramos da indústria, isolado no meio de uma circunvizinhança rural que, muito frequentemente, lhe fornece uma parcela de mão de obra").

Nos países subdesenvolvidos "a forma de região industrial só é representada por zonas mineiras, visto que, na realidade, a indústria se confunde com a extração de minério e com as instalações de primeiro tratamento e carregamento. Passa-se muito depressa, quando as dimensões de um jazigo são reduzidas, da região industrial – aliás, mineira – para o centro mineiro ou para o grupo de centros mineiros. Podem existir, em compensação, vários tipos de centros industriais" (p. 102).

São os países desenvolvidos os que "possuem, ao mesmo tempo, regiões industriais, e entre elas as maiores regiões industriais, e um enxame mais ou menos apertado de centros industriais, que vai desde o grande porto marítimo industrializado, com mais de um milhão de habitantes, como Hamburgo, até a poeira de cidadezinhas industriais, que trabalham no interior dos grandes dispositivos de distribuição dos capitais, de energia, dos produtos, e sempre nas proximidades de um mercado ou dos meios materiais e técnicos de alcançá-lo. Múltiplas desigualdades diferenciam, seguramente, esses conjuntos e lhes tornam moveis o conteúdo. A Europa do Noroeste, bem como os Estados Unidos, possuem, ao mesmo tempo, regiões industriais que agrupam vários milhões de habitantes e pequenas cidades industriais de 10.000 ou de menos de 10.000

habitantes, onde as criações mais vigorosas tendem a substituir progressivamente as empresas arcaicas herdadas da primeira fase da industrialização. Essa diversidade do impacto industrial, essa superposição de contribuição de fases sucessivas e diferentes de industrialização são absolutamente específicas dos países industriais, pelo menos de um século a essa parte" (p. 102).

O caráter universal relaciona-se à natureza solidária da tecnologia industrial, porquanto "uma operação industrial implica um sistema de relações técnicas e financeiras que fazem de qualquer centro industrial uma das malhas de uma rede de dimensões universais". As máquinas que equipam as fábricas de um centro industrial vêm dos mais diversos centros nacionais e o mesmo se pode dizer dos recursos naturais e dos financeiros.

Vem daí o caráter relacional que faz do espaço industrial uma complexa rede de escalas. Ao contrário do espaço agrícola, que é contínuo e pode ser isolado, no espaço industrial "o produto de uma empresa é convencionalmente domiciliado e registrado em sua sede, mas, de uma forma concreta, é praticamente impossível referir o total dos negócios ou os lucros a um espaço determinado. Toda indústria é um complexo de ações diversamente localizadas que inclui operações de laboratório, de estudos e de pesquisas, de controle etc. Projeta-se no espaço por múltiplos pontos de impacto mais ou menos especializados e, sobretudo, por um feixe indispensável de relações" (p. 106).

A condição fundamental do funcionamento de uma economia industrial é a posse e a disposição desse feixe de relações, que lembra sistemas diferentes projetados em diversas escalas.

Nos seus primórdios, a indústria podia projetar seus planos sobre uma escala regional. Estamos na época em que "a burguesia aplicava técnicas novas a partir de condições naturais simples: a presença da energia – carvão ou queda d'água – posse ou facilidade de importação da matéria-prima, quer local (linho, lã, ferro), quer de origem externa (algodão)". Ora, "essas condições conservam um caráter e dimensões regionais". O mercado, todavia, fazia-a já ter que projetar seu olhar para mais longe. Hoje, entretanto, "as direções dos estabelecimentos industriais têm todos os olhos fitos no horizonte universal. É na escala mundial que se resolvem os problemas da concorrência técnica, da rentabilidade, do lucro e da sobrevivência das empresas". As economias se tornam dependentes das trocas. E "é cada vez menos possível a um só país, por maior e mais rico que seja em recursos de toda espécie mobilizar em quantidades suficientes, no momento desejado, a totalidade dos produtos indispensáveis a todos os ramos de indústrias", que se realizam em diversos níveis de escala. E também de infraestrutura, que é "tudo o que, assegurando relações de qualquer espécie, permite o funcionamento das instalações e da economia industrial. Em primeiro lugar os meios de produção, a energia, as matérias-primas e todos os auxiliares da produção, notadamente a água, que assume a importância cada vez maior nos processos tecnológicos modernos e, com frequência, ameaça tornar-se um bem raro e caro" (p. 106).

Eis a razão da mobilidade. Espaço de relação, o espaço industrial o é porque é um espaço de circulação. Os mais distintos fluxos de circulação nele têm lugar: 1) fluxos de meios: "Os países industriais são cada vez mais sulcados pelos elementos de uma estrutura de ligações técnicas, que intervêm mais ou menos diretamente no país: vias de circulação e de transporte que ocupam, nos centros industriais e nas regiões de grande concentração de indústrias, 'impérios' muito extensos (estradas de ferro, estações de triagem, vias fluviais e portos interiores, auto-estradas com os seus viadutos, pátios de estacionamento, heliportos, aeroportos com as suas vias de acesso e seus serviços técnicos, linhas de transporte de energia elétrica, oleodutos, gasodutos, canalizações de água, rede de evacuação das águas servidas e dos resíduos)"; 2) fluxos de pessoas: " [...] à diferença da população agrícola, a população industrial é móvel [...]"; e 3) fluxos de "pensamentos, de ordens, de informações, veiculados por correntes invisíveis de correspondência telefônica, telegráfica, radiofônica [...]" (pp. 107-8).

O tempo do espaço industrial é um tempo técnico. Salvo para situações específicas (alta latitude e nas montanhas, na indústria alimentar e na da moda do vestuário), "uma característica essencial do espaço industrial é a sua independência em relação aos ritmos sazonais". À diferença do que se vê nas atividades agrárias, as modulações do tempo nas atividades industriais "são de origem alheia aos fatos naturais. Elas dependem da conjuntura econômica e das convenções sociais" (p. 110). Por isso, o ritmo de trabalho e do emprego vincula-se a relações entre o tempo e o espaço de natureza "absolutamente diferentes" daquilo que encontramos nas sociedades e economias agrícolas. Aqui, "o espaço corretamente arrumado é aquele em que se perde menos tempo no processo de produção e na vida econômica e social", de vez que "a apreciação das relações entre o espaço e o tempo passa pelo estudo da organização dos orçamentos do tempo das empresas e das pessoas". O tempo do trabalho assume um significado técnico e "tem duas características originais: é constante e objeto de contrato (tempo-mercadoria). A unidade de tempo se confunde com a unidade de salário" (p. 111).

Por isso a industrialização dos países subdesenvolvidos, reeditando o que se deu nos países industriais, encerra "uma das mutações mais difíceis de realizar", uma vez que a "passagem do condicionamento da vida por tempos naturais e de utilização variada para o condicionamento por tempos contratuais contínuos e que exigem uniformidade de trabalho" e a disciplina do tempo da indústria conflita com a "tendência espontânea" do camponês de "interromper o trabalho na fábrica, quando há trabalho a fazer no campo, desaparecendo durante as semanas de grande atividade agrícola, em que ele pode ocupar-se no campo num quadro e nas formas a que está acostumado, ou, mais simplesmente ainda, quando já ganhou o suficiente para viver sossegado durante alguns dias ou algumas semanas com a família" (p. 111).

Mais que nas atividades de cultivos e de criações do espaço agrícola, a localização bem definida é a referência da organização do espaço industrial. De imediato, ressalta o aspecto relacional, uma vez que a "rede de infraestrutura das relações" interage fortemente com a localização industrial, de que resulta, de um lado, a concentração ("a fim de se evitar as despesas de transmissão e as perdas de tempo"); de outro, a desconcentração ("que tem levado o espaço agrícola a ser incorporado ao espaço industrial e assim à urbanização do campo").

A concorrência e a busca do lucro são a lógica da localização industrial. Uma e outra se expressam, sobretudo, através do custo do transporte da matéria-prima pesada, da mão de obra e da clientela.

Historicamente o custo do deslocamento da matéria-prima, em particular matérias-primas pesadas como o carvão e o minério de ferro, é o dado primário do custo locacional. Calcada no consumo dessas matérias-primas pesadas, a indústria do século XIX restringe sua ocorrência aos países que as possuem e limita sua localização às áreas de extração ou de importação desses produtos. "O trânsito de produtos muito pesados por meios de transporte relativamente caros surge, nessa época, como o obstáculo essencial a todo e qualquer desenvolvimento industrial, a ponto de proibir toda iniciativa de industrialização nos países que, não possuindo esses produtos muito pesados, precisam mandar buscá-los de maneira onerosa, não podendo, por isso mesmo, pretender ser competitivos na economia de concorrência. Os produtos muito pesados devem ser utilizados onde são fornecidos pela natureza, ou trazidos com um mínimo de despesas, por mar e, em casos extremos, quando for necessário, por via fluvial" (p. 113). É o meio aquático o do transporte por excelência. O trem é reservado para "o transporte de produtos elaborados, de produtos caros", só sendo utilizado para o transporte dos produtos muito pesados "em caso de necessidade inelutável, e o menos possível". O carvão mineral é o protótipo dessa matéria-prima, fonte de energia da revolução industrial e ainda do coque, sendo assim o elemento localizador por excelência da indústria. "Todas as indústrias que são grandes consumidoras de carvão serão instaladas à salda das minas de hulha ou na sua vizinhança imediata, nos portos que recebem o carvão por mar e, em proporção reduzida, ao longo dos rios, dos cursos d'água e dos canais que lhe permitem o transporte em embarcações" (p. 115). Segue-se-lhe em importância o minério de ferro, com papel secundário na localização, uma vez que deve ser transportado para a área da hulha, exceto quando o carvão pode ser levado à área do minério "sem gastos excessivos". O mesmo se dá com os não ferrosos.

As despesas com mão de obra são um "segundo tema de contabilização" da localização industrial. E por razões de custo também. De início, a indústria emprega mão de obra "rude, numerosa e capaz de sujeitar-se aos ritmos do trabalho industrial". Por isso, vai buscá-la ali onde já existia, "nas regiões em que cedo se registrou uma concentração de população integrada numa primeira operação industrial de caráter particularmente constrangedor, a mina, os grandes parques de construção das estradas de ferro, de construções urbanas", e, sobretudo no caso da indústria têxtil, "naquelas em que as tradições artesanais e manufatureiras já haviam introduzido hábitos de ocupação contínua e ritmos rápidos de execução dos gestos profissionais" (p. 115).

Com o tempo, "à medida que se processava a diversificação das fabricações", a indústria passa a empregar mão de obra "qualificada, aperfeiçoada, rápida, engenhosa, apta para as reconversões técnicas", indo encontrá-la "nas grandes cidades de mercado de emprego diferenciado, crisóis de um novo modo e de um novo sistema de vida adequados à emulação e à qualificação espontânea, antes até de se organizar a formação profissional sistemática".

Por fim, o terceiro tema de localização é o contato com o maior número possível de clientes, isto privilegiando a localização nas grandes cidades, entre elas as capitais. As grandes cidades atraem "as correntes de clientela vindas das regiões adjacentes", em particular as capitais, que "gozam de uma situação privilegiada – são a sede das administrações públicas, cujas encomendas à indústria assumem proporções crescentes – e o seu poder de atração sobre a clientela nacional e estrangeira é mais elevado". A habitual localização na cidade se deve ao fato de que "o meio urbano favorece o desenvolvimento industrial, não só em virtude da sua função de mercado de venda e centro de exposição, foco de publicidade, mas também como sede de gestão de capitais. A proximidade do aparelhamento bancário torna mais rápidos os estudos que precedem a concessão de créditos e facilita todas as operações financeiras" (p. 116).

A estes três tipos de fator correspondem três tipos de áreas de localização e respectivos ramos de indústria: 1) áreas hulhíferas ou portuárias: instalação de indústrias pesadas; 2) áreas de acúmulo de população onde existiam, antes da Revolução Industrial, atividades artesanais e manufatureiras: instalação de indústrias leves; e 3) áreas de grandes cidades: instalação de indústrias não pesadas diretamente ligadas à clientela e à mão de obra que estas cidades oferecem. São três formas que se distribuem desigualmente pelos países. Mas só "Os países fortes possuem os três tipos de localização e puderam desenvolver todos os tipos de indústrias à medida que se foi processando a sua maturação, das indústrias pesadas às indústrias 'urbanas': Grã-Bretanha, França, Alemanha, Estados Unidos" (p. 116).

Duas fases se distinguem, entretanto, na formação e nas formas do espaço industrial: a da hulha (fase da primeira Revolução Industrial) e a da hidreletricidade e dos hidrocarbonetos (fase da segunda Revolução Industrial).

Na primeira fase, a hulha dá a referência da localização. Os países industriais que a possuem (Inglaterra, França, Alemanha, Estados Unidos e mesmo o Japão) são os "países fortes", aqueles que, detendo-a, reúnem os três tipos de área industrial. E os que não a possuem (Itália, Suíça), são os "países industriais marginais e incompletos", os quais por não a deterem "só podem pretender a uma industrialização setorial, da qual se excluem as produções pesadas, e onde a qualidade dos produtos obtidos graças ao trabalho de uma mão de obra hábil e, não raro, mal paga, lhes assegura possibilidades competitivas" (p. 117). A localização da hulha dá o padrão do espaço geográfico do conjunto das indústrias, "fossem consumidoras de energia ou não". A indústria pesada localiza-se na área hulheira, ou portuária, onde, por afiliação, vão também localizar-se as leves e as "urbanas", e a indústria têxtil, cujas "condições ideais de localização são a posse de energia barata, a posse de água, certa umidade atmosférica (assegurando boas condições de fiação numa época em que ainda não se possuíam as técnicas dos locais industriais), do princípio ao fim do ano, e importantes reservas de mão de obra hábeis e pouco exigentes (nomeadamente mão de obra feminina)", localiza-se ou na área industrial hulheira ou fora dela onde favoreçam as condições higrométricas. A centralidade da hulha nessa fase é tal que, "na teoria econômica geral do princípio do século XX (até o início da Segunda Guerra Mundial), entendia-se que um país não podia pretender à independência industrial se não possuísse os recursos energéticos básicos representados pelo carvão" (p. 117).

Na segunda fase aparece a energia da hidreletricidade e do petróleo, quebrando a rigidez da localização industrial da hulha. A substância dessa quebra é o desenvolvimento da técnica do transporte da energia. Estamos diante de uma revolução energética. Primeiro a hidrelétrica ("a mobilização, em forma industrial, que assegura a paridade técnica, senão a superioridade, em relação aos países industriais de base carbonífera, da energia hidráulica transformada em eletricidade e transportada em forma de corrente elétrica, é o primeiro ato da nova era industrial"). A seguir, a petroleira ("parte cada vez maior que ocupa nos balanços energéticos a utilização dos hidrocarbonetos").

Isso revoluciona a relação entre os espaços ("O recurso a novas formas de energia e a novas formas de transporte e distribuição de energia modificará simultaneamente a hierarquia dos países industriais e as condições, e até mesmo os imperativos, da implantação da indústria em todos os países industriais e em vias de industrialização"), desaparecendo a anterior distinção em "fortes" e "marginais e incompletos" entre os países. A Itália é o exemplo mais representativo desse novo quadro criado pelo advento da hidreletricidade, que origina, sobretudo nas regiões do norte, a mobilização da energia hidráulica das montanhas pela eletrificação. Mas o efeito é ainda mais radical quanto às características da localização. O progresso das técnicas de transporte de energia desvincula as usinas hidrelétricas dos lugares montanhosos e faculta a sua interconexão com as usinas termelétricas, originando uma integração em rede que libera os espaços para a mais ampla liberdade de localização industrial.

A alteração nos termos da localização tem importância capital, de vez que na era industrial é a localização que orienta as arrumações do espaço. Seja na forma fixa da fase da primeira ou na forma mais livre da segunda Revolução Industrial, a lógica da localização sempre vem das leis de funcionamento da economia de mercado industrial, afeiçoando os arranjos espaciais ao funcionamento delas.

Os três tipos gerais de localização, "nascidos de cálculos econômicos e de processos tecnológicos específicos da primeira revolução industrial", expressam os investimentos feitos no campo de três categorias de infraestrutura – as redes de transporte, os estabelecimentos urbanos e os complexos de estabelecimentos industriais –, "que são outros tantos elementos de fixação e atração de indústrias, mesmo quando essas infraestruturas parecem muito rapidamente envelhecidas e insuficientes para satisfazer a novas necessidades, o que provoca o aparecimento de contradições e tensões no seio das regiões e centros industriais" (p. 125). A importância dessas três infraestruturas é que formam "mais ou menos estritamente sistemas de integração ou, pelo menos, de relação de serviços". A elas três se acrescentam os serviços públicos e privados (relacionados à formação de profissionais, como as universidades, e à realização da pesquisa, bem como à gestão das empresas e ao controle dos mercados, como os bancos). E as empresas que trabalham sob encomenda para os grandes estabelecimentos industriais (manutenção, reparos e acabamento) e os grandes portos e rotas do trânsito marítimo. Tudo compondo um conjunto que "empresta um ar de parentesco a todas as grandes metrópoles industriais".

É da localização e repartição dessas infraestruturas que decorre a paisagem industrial clássica da primeira fase. A observação do alto, de uma fotografia aérea ou de um mapa circunstanciado, ressaltaria no ordenamento das configurações justamente estes "três primeiros grupos de elementos da paisagem industrial: a extensão das empresas ferroviárias, as docas, os espaços de entrepostos, a abundância dos bairros operários, densamente comprimidos entre as empresas de transporte e as fábricas ou minas, e enfim os próprios estabelecimentos industriais", bem como "também, tudo o que traduz o envelhecimento, a degradação: os entulhos das minas, mais ou menos recobertos de uma vegetação enfezada e descontínua, os aterros leprosos das fábricas de metais não ferrosos e da indústria química, as descargas de resíduos urbanos, as escavações provocadas pela estação dos materiais de construção ou pelos amontoamentos dos solos solapados pela exploração mineira, inundadas pelas águas sujas, de reflexos irisados" (p. 125).

Mas a observação da paisagem faz sobressaltar os polos de uma "rede de relações escoradas em sistemas de complementaridade econômica" que recobrem o planeta com a sua "dupla preocupação de aquisição de matérias-primas aos preços mais justos e de ampliação dos mercados para além da clientela dos países industriais", transformando o globo num sistema econômico de "direção europeia" que tem por base um sistema de relações marítimas bem estruturadas com seus portos de coleta e de recepção e seus itinerários regulares e definidos.

Tal é a paisagem do mundo, cujo auge e declínio foi a década de 1920 e que a década de 1950 ("o período que mediou entre 1930 e 1950 se apresenta, principalmente na Alemanha, como um período de incerteza e perturbações, que parece propor um reexame de tudo") verá ceder lugar a uma nova paisagem industrial que há décadas se vinha gestando como expressão da segunda fase da industrialização e a partir da reinvenção daquelas três infraestruturas.

A segunda fase da industrialização se fundamenta na "grandíssima liberdade" de localização industrial que é gerada pelo surgimento das técnicas de transporte da energia. A alta escala de concentração é a sua característica. Pede-se a escala territorial dos continentes ("a hora da industrialização, neste fim de século XX, é a hora das grandes economias continentais").

Mas uma nova lógica de localização não se efetiva sem problemas, uma vez que significa a instituição de uma nova racionalidade e de uma nova lógica de rentabilidade na distribuição das atividades industriais. Sobretudo porque a lógica anterior tornou-se agora residual e bloqueadora. "As criações do último século, os interesses, as atividades sociológicas e psicológicas (modelos culturais dos antropólogos), que lhe permanecem apegadas, desempenham o papel de força de inércia no tocante aos processos de localização, decorrentes da utilização dos novos recursos e da diversificação das atividades industriais". O fato é que não bastam algumas áreas industriais. O espaço industrial tem que ser agora o mundo.

O Estado é, assim, chamado a representar um novo papel diante das demandas de escala. Deve, principalmente, tomar a seu cargo a tarefa da organização da nova forma de arrumação do território. E essa tarefa deve começar pelo reordenamento espacial cuja finalidade é o desconstrangimento da indústria. Isso quer dizer efetuar "a liberação das implantações industriais no que concerne às coações resultantes dos imperativos tecnológicos e das 'leis econômicas' do período inicial da industrialização, a fim de aliviar as cargas que pesam sobre as regiões e centros industriais tradicionais, e procurar uma redução dos custos generalizados da indústria" (p. 126).

É assim que o Estado intervém para reduzir os custos seja do reordenamento dos velhos espaços industriais, onde "o envelhecimento das instalações, das infraestruturas das primeiras regiões industriais e das grandes metrópoles, e a congestão demográfica, complicam a organização da vida coletiva e das atividades da população", seja da criação das condições infraestruturais requeridas pelas novas implantações. Favorecem-no nessa ação as agora múltiplas possibilidades de opção de localização industrial criadas pela revolução no transporte de energia.

Mas novos critérios tomam o lugar dos clássicos na determinação das localizações, como o recurso em água e o próprio custo de transporte e mobilização de energia, uma vez que "já não são tanto os fatores de caráter propriamente industrial, no sentido que se lhes atribuía há cinquenta anos, que determinam as escolhas das implantações, mas os equipamentos culturais, científicos e sociais", isto é, "sistemas de relações e comunicações, equipamento universitário e científico, equipamento sociocultural, equipamento para lazeres" (p. 129).

O espaço global

Vai-se, assim, "do espaço especializado ao espaço globalizado", isto é, a uma generalização das relações industriais sobre os espaços que começa pela eliminação das antigas divisões do trabalho e lazer em cidade e campo. A indústria deita suas relações sobre todos os lugares, valorizando-os pela incorporação, dando novo sentido às áreas de reserva da cidade, dos campos e das regiões mais distantes, convertendo seus espaços em bens raros. E assim se expande e atinge tanto o modo de vida das sociedades da "geografia natural sofrida" quanto o das sociedades do espaço de base agrícola. Mas, sobretudo, sai da cidade para ir instalar-se no campo, invertendo o vetor histórico em que no passado migrara do campo para a cidade. A cidade com isso se terciariza e passa a dividir com o campo sua paisagem de "redes de autoestradas, de 'trevos', de viadutos rodoviários e ferroviários, que na cidade recobrem o solo de vários pavimentos de obras de concreto, de intermináveis alinhamentos de casas – em quadriculados de alojamentos individuais – ou em disposições de imóveis de alojamentos múltiplos, dispostos geometricamente em torno de torres de 20 andares, pátios de estacionamento, centros de compras, montes de carros usados abandonados à ferrugem, entrepostos e mercados atacadistas, aeroportos com imensas zonas de servidões e corredores de ruído, cemitérios enormes" (p. 130).

A essa "globalização do espaço pela extensão, em vastíssimas áreas, da influência técnica, econômica e sociológica da civilização industrial" (p. 137), que faz com que "os problemas do solo urbano e periurbano já não se podem separar do solo nacional inteiro", correspondem "grandes operações de arrumação" responsáveis pelo surgimento de configurações espaciais mais abrangentes e contraditórias (p. 138). De um lado, são as implantações de usinas hidrelétricas e de minas que, desde que os custos não inibam, se descolam do horizonte imediato do espaço ocupado para ir localizar-se nos pontos situados a quilômetros de distância, em meio à amplidão dos espaços naturais ainda intocados pela civilização. Só os longos fios do transporte da energia, os cabos de telefonia e telecomunicações e as fitas das estradas que fazem a ligação destes pontos avançados com a civilização servem de testemunhas do "complexo solidário" da nova paisagem industrial. De outro lado, são as cidades mortas e instalações em desuso, abandonadas pelo esgotamento dos recursos ou pelo custo tornado proibitivo, que jazem aqui e ali.

Mas o lado novo avança, a tudo integra e a tudo reanima. A reconfiguração do setor da energia hidrelétrica é um bom exemplo disso. A separação técnica entre a queda d'água e a usina propicia, ao lado da sua interconexão com as usinas térmicas e hidráulicas, novas combinações geográficas às pequenas usinas hidrelétricas até então isoladas nas montanhas, interligando-as por todo o complexo montanhoso ou deslocando-as para os sopés e partes baixas, liberando e multiplicando sua localização. A liberação da localização das usinas libera a indústria também dos seus constrangimentos de localização, num começo de quebra da rigidez de até então. A técnica do represamento, que multiplica o número das pequenas e médias usinas e gera usinas de grande porte instaladas a grandes distâncias dos centros urbanos e industriais, transforma a bacia hidrográfica numa grande bacia energética, que difunde e estende a energia ilimitadamente numa ampla organização em rede. Os serviços, a agricultura, o transporte, o turismo, o abastecimento d'água, o escoamento dos poluentes, se integram dentro dessa rede de abastecimento de energia, assim se industrializando a cidade e o campo. Os grandes parques de mineração são outro exemplo, indo se somar às grandes usinas hidrelétricas na paisagem, criando cidades, complexos industriais e polos de densidade demográfica em áreas até então desérticas. Então, "acontece com os minérios o que acontece com a corrente elétrica".

Por trás dessa rearrumação espacial está o vínculo que une os meios de produção e os "meios de relação", tudo ligado num só elo orgânico, da escala local ("o meio rural, de um lado, e as áreas metropolitanas, de outro") à escala regional ("todas as formas de relações permanentes, inerentes ao conjunto das formas de existência, de trabalho, de consumo e de cultura nos países de economia e de sociedades industriais") e à escala mundial (com a mundialização da divisão territorial do trabalho e das trocas).

E nessa relação entre "meios de produção" e "meios de relação" importam tanto os fluxos de objetos e de energia quanto os fluxos das ideias. Sob certo prisma, importam mais estes que aqueles.

Jean Tricart: morfogênese e meio geográfico em *A Terra planeta vivo*

A Terra planeta vivo é um livro publicado em 1972. A edição de que nos servimos é a portuguesa de 1978. Nele Tricart sintetiza uma visão de Geografia que foi construindo por sucessivas transformações ao longo da sua trajetória intelectual, sempre no sentido de uma integração mais abrangente do real.

Tricart é um geógrafo de evolução intelectual e acadêmica das mais ricas dentre os clássicos franceses recentes. Partindo da Geomorfologia, evoluiu para uma visão de homem-meio cada vez mais integrada, numa culminância de totalização de que esse livro é o melhor exemplo.

Os seres vivos e a morfogênese do meio geográfico

O planeta é o que resulta da interação entre os seres vivos e o meio físico-geográfico, diz Tricart. Mas essa dialética é o resultado de uma interação de três forças, e formas de energia.

Uma primeira força é a que está embutida na própria matéria que constitui o planeta. Na medida da evolução do planeta, essa matéria libera – em ritmo irregular no tempo – a força e a energia que nela tem acumuladas, ocasionando as deformações tectônicas responsáveis pela morfologia da superfície terrestre, em particular as paisagens do relevo e a influência deste na distribuição das terras e águas da epiderme terrestre, numa escala de recortes que vai do nível mais amplo dos continentes e oceanos ao mais singular dos pequenos compartimentos espalhados pela superfície do planeta, influindo ainda na eclosão das manifestações vulcânicas e na geoquímica do planeta ao originar as rochas que libertam íons, acompanhados de emissões de gás e água.

Uma segunda força vem da atração dos astros no universo, e se materializa na ação da lei da gravidade. Ela é a fonte da energia que responde pela movimentação das massas de ar, pelas precipitações em suas diferentes formas (chuva, neve, granizo), pela infiltração das águas e formação dos lençóis freáticos nos solos, pela erosão e depósito dos sedimentos ao longo das vertentes e áreas de baixa altitude e pela oscilação das marés e seus efeitos nas áreas costeiras. Embora se relacione à atração do centro da Terra sobre os corpos, sua ação se faz na superfície terrestre, aí realizando um trabalho morfológico de rebaixamento e nivelamento contínuo do relevo.

A terceira força, por fim, refere-se às radiações solares e se traduz na forma da energia eletromagnética por meio da qual as radiações são captadas pela clorofila das plantas e formam a energia necessária à síntese dos hidratos de carbono, assim ressintetizando a geoquímica do planeta.

O meio físico-geográfico é o resultado da conjuminação das duas primeiras forças, a força da matéria acumulada nas camadas do planeta e a força da atração dos astros, e os seres vivos, o resultado da conjuminação destas com a terceira, a força das radiações, o conjunto das interações sendo o meio geográfico. O meio geográfico é, assim, o meio físico mais os seres vivos vistos na abrangência das suas interações e que tem os seres vivos como seu sujeito de formação.

É o papel das plantas na captação da energia solar e sua capacidade de utilizar a matéria inorgânica do meio físico-geográfico para o fim de elaborar a matéria orgânica – com isso influindo em todo o conjunto da natureza, modificando a atmosfera, influindo no ciclo da água e intervindo na geoquímica da superfície – que faz delas o agente gerador por excelência da Terra como um planeta vivo.

O conhecimento da ação dessas três forças, seus modos de intervenção e as formas de paisagem que originam é o primeiro passo, portanto, para o conhecimento do meio geográfico. E a visão integrada deve ser a base.

O segredo é a visão da interface da litosfera, atmosfera e hidrosfera. Os fenômenos geográficos se produzem nas interfaces. "Se considerarmos o meio físico-geográfico do ponto de vista da física, ele constitui uma superfície de contato entre dois estados diferentes da matéria: atmosfera gasosa e litosfera sólida para as terras emersas, hidrosfera a atmosfera para os fundos marinhos e lacustres, hidrosfera e atmosfera para a superfície dos lençóis de água. As superfícies de contato refletem o equilíbrio das forças que se exercem em cada um dos corpos que separam e adaptam-se às modificações desse equilíbrio. A evolução do relevo é apenas uma das manifestações deste princípio geral" (p. 21).

O importante é perceber-se que a superfície terrestre é a rede da vida. A interface, ponto da coagulação, é o lugar da integração e do equilíbrio do meio. E as plantas, o dado sintetizador da morfogênese enquanto princípio organizador da superfície terrestre.

A morfogênese do meio geográfico se explica nas interfaces. A ação sobre elas da ação conjunta da energia da matéria acumulada do próprio planeta, da que provém da irradiação solar e daquela controlada pela energia da gravidade. O revestimento vegetal vem dessa interação e para ela se volta, alimentando-se e retroalimentando este campo unificado de energias, o que explica o seu papel de gerador do equilíbrio do conjunto.

A vida é sempre coparticipante da morfodinâmica. Ao estar presente em todo o processo da morfogênese, dá ao meio geográfico uma característica de complexidade e o põe numa relação da escala de tempo e de espaço de forte interdependência.

A arrumação espacial do meio geográfico é um dado fundamental da morfogênese. E se revela na paisagem através suas diferentes formas de classificação. A paisagem do meio geográfico é o resultado dos movimentos das forças na superfície terrestre, do deslocamento da posição geográfica das suas formas e da alteração contínua das suas configurações, promovidos pela ação conjunta das três forças. Nisso tem importância a sequência de metamorfoses decorrentes do glacio-isostatismo originado pela alternância das eras de glaciação e de deglaciação que se sucedem no quaternário, responsável por grande parte das posições, distribuições e formas das paisagens passadas e presentes da superfície terrestre.

Cada paisagem revela um meio geográfico. E, enquanto resultado das distintas etapas da história da morfogênese, a paisagem faz de cada meio uma realidade a um só tempo complexa, heterogênea e paleo-histórica. Assim, há uma espaço-temporalidade que afirma a presença e a sucessão de formas de meio geográfico na longa linha de evolução do planeta. E uma dimensão de escala e estrutura que sempre expressa o movimento dinâmico das interfaces. De modo que, de certa forma, o meio geográfico é a interface.

Ver a integração, ver a escala do espaço-tempo

A sociedade industrial tornou essa forma de ver a interdependência entre os elementos do meio geográfico uma necessidade fundamental do nosso tempo. É o que esclarece o estudo integrado da água.

O estudo integrado da água põe sob crítica o método dos estudos tradicionais, questionando a longa duração que se leva para realizá-los (são necessários cerca de 20 anos de medição, nada aconselháveis diante das razões práticas atuais), o uso ainda do pluviômetro na medida das precipitações (a ele escapa a captação da intensidade e duração dos aguaceiros, e estas suas duas características determinantes do ciclo hidrológico) e a situação e distribuição das estações pluviométricas, que não se mostram adequadas por serem esses dados, em consequência, pouco precisos e "nem sempre significativos".

A perspectiva do naturalista deve, então, suceder a do estatístico. E substituir o velho por um novo método de abordagem, baseado em três tipos de pesquisa – o das bacias experimentais e bacias representativas, o do quadro dos fenômenos hidrológicos e o da cartografia hidromorfológica –, nos quais o fenômeno é posto a interagir com o todo do ambiente ecológico real de que faz parte e assim não mais é reduzido ao ciclo puro e simples da água.

É o que esclarece também o estudo dos recursos em terras agricultáveis, em que o foco é a erosão das terras, e não mais a erosão dos solos, por sua maior integração e abrangência, e do problema ecológico do limite savana-floresta, típica interface em que se formam e ocorrem muitos dos fenômenos nos trópicos.

Três componentes norteiam a perspectiva do estudo integrado: a dimensão escalar do fenômeno, seu papel relativo dentro do todo e sua posição na inserção espacial. E a forma de taxonomia que o materializa.

A taxonomia deve ser a que acompanha os arranjos e níveis da escala espacial, cada nível de escala sendo formado por um meio geográfico distinto. A teoria combina, assim, meio ambiente e espaço. De um lado, porque a combinação entre taxonomia e espaço dá o toque geográfico do estudo integrado. De outro, porque mostra o quanto por esta razão a escala deve ser a referência do método do geógrafo nessa quadra de tempo. Atributos característicos do estudo dos fenômenos geográficos, taxonomia e espaço são o recurso teórico-metodológico básico que permite visualizar a permanência e a durabilidade do grau de participação dos níveis de paisagem como um traço necessário da escala geográfica do meio.

Chamada de paisagem (*landschaft*) pelos geógrafos alemães e de unidade fisionômica por G. Bertrand, cada unidade de taxonomia espacial é um agregado de três níveis principais: o meio físico, os seres vivos e o homem. O meio físico é o suporte dos seres vivos e se reparte em dados climáticos e dados edáficos. Os seres vivos, plantas e animais, são o elo que integra e dá o caráter de um todo ao meio. O homem, por fim, é o ser vivo que confere o sentido de meio ao meio.

De modo que cada unidade de paisagem é um *táxon* ("uma unidade sistemática, integrada numa classificação integrada") e um *chore* ("uma porção do espaço bem definida"). Dois princípios se destacam nessa característica: a corologia e a dialética. Por um lado, "a ciência da paisagem é, em princípio, uma corologia. As unidades de paisagem são estados de uma coerência própria. Repousam sobre um certo tipo de interação entre componentes que é bastante mais que uma simples soma de diversos elementos que se reúnem" (p. 124). Por outro lado, "cada área obedece a uma dialética de homogeneidade/heterogeneidade" cuja expressão é a paisagem como um complexo (p. 125).

Homogeneidade e heterogeneidade são, pois, dois princípios básicos da constituição da paisagem que identifica o tipo de meio geográfico. Pelo princípio da homogeneidade, a paisagem é uma unidade do diverso vista a partir dos elementos comuns e observáveis na sua fisionomia e evidenciáveis nas fotografias aéreas, sendo necessário "não somente identificar essa dinâmica, definir a sua estrutura, mas conhecer o seu grau de coesão, e assim chegar à originalidade da combinação de seus elementos compósitos e ao grau de coesão de que dependem a sua extensão territorial e a sua permanência no tempo" (p. 125). Já pelo princípio da heterogeneidade a paisagem é uma combinação de mais de um indivíduo, reunindo nessa diversidade distintos elementos que a uma escala grande (área pequena) são presentes e visíveis e a uma escala pequena (área grande) são invisíveis e desaparecem, homogeneizando-se na generalidade. A heterogeneidade prevalece na escala grande e a homogeneidade, na escala pequena, a heterogeneidade tendo existência empírica e a homogeneidade sendo "sempre fruto duma certa abstração".

A paisagem define-se, assim, pelo nível de interação das escalas de espaço e de tempo da heterogeneidade, expressas a primeira na ordem de grandeza (tamanho e dimensão do recorte territorial de espaço) e a segunda na ordem de idade (*timing* do elemento prevalecente na homogeneidade vinda da sua crescente generalização). Em sua unidade essas duas formas de escala remetem, de um lado, à morfogênese e, de outro, à regionalidade. E dão a medida do dado empírico da paisagem, como no exemplo de uma planície aluvional, vista à escala dos bancos de areia e depressões intermédias, onde a coesão é dada pela acumulação fluviátil.

Todo o problema da escala consiste no que se ganha e no que se perde de captação do dado empírico da paisagem submetida à observação. No exemplo da planície aluvional, a depender da escala do espaço, apreendemos ou não o tempo do detalhe observado em seu movimento de sucessão, uma vez que à realidade observada "Atribuímos uma certa idade. Ela corresponde a uma etapa na morfogênese regional. Se formos mais minuciosos, devemos admitir que os diferentes bancos se formaram em lapsos de tempo curtos, uma cheia ou uma sucessão de cheias ou, pelo contrário, apenas uma parte duma cheia. A idade precisa dum banco difere da do banco vizinho. Ao cartografar a planície aluvional e ao atribuir-lhe um lugar na evolução geomorfológica regional, abstraímo-nos disso. Tomamos uma ordem de grandeza diferente. Isso justifica-se porque a colocação, uns a seguir aos outros, de bancos aluviais apresentando caracteres análogos, indica uma dinâmica do mesmo tipo" (p. 126).

Daí a importância da ordem de grandeza da escala de espaço com que podemos constituir uma taxonomia dos meios geográficos, tomando por referência o tamanho do recorte da paisagem.

G. Bertrand propõe, nesse sentido, sete ordens de grandeza de unidades taxonômicas de meio geográfico. Do recorte menor ao maior, são elas: geótopo, geofacies, geossistema, região natural, domínio e zona. O geótopo tem uma dimensão de alguns metros. Articula-se ao biótopo e à comunidade da biocenose. O exemplo é um rochedo residual. O geofacies tem uma dimensão de hectômetros a alguns quilômetros. O exemplo é uma sequência de solos. E é articulado pelos camponeses a uma unidade de terreno no sistema de cultivo agrícola. O geossistema tem uma dimensão mais vasta, de dezena a centena de quilômetros e com frequência é associado a séries de vegetação. Articula-se aos topoclimas. O exemplo é um vale com suas vertentes e seus terraços. A região natural, o domínio e a zona são menos definíveis. A região natural pode definir-se por uma sucessão repetida de geossistemas e ser determinada pelas morfoestruturas. O exemplo é uma sequência de bacias fluviais. O domínio define-se pelo recorte da unidade climática. E a zona por critérios astronômicos.

A heterogeneidade dá lugar à homogeneidade no sentido do geótopo para a zona nessa taxonomia. Bem como vai aumentando o grau de complexidade da morfogênese, da pedogênese e da morfologia. E, então, crescem e acumulam-se os problemas de perdas com a escala de espaço e de tempo na medida da homogeneidade e da generalização crescentes.

O homem

O homem está na natureza e na sociedade. É o elo. E o salto. A rigor, é a razão e a gênese do meio. O meio é um meio do homem. E essa dupla presença se faz "numa rede de rivalidades de interesse, de lutas econômicas e políticas, de ambições concorrentes". Por isso, esse duplo se reproduz num duplo positivo-negativo na relação com o meio.

O geógrafo deve, pois, colocar os mecanismos da degradação e do uso adequado "no seu contexto tanto físico como cultural". E considerar principalmente a capacidade de o homem orientar-se numa relação racional. O fato é que há na história humana estes dois aspectos, uma relação de degradação e de uso adequado que afeta primeiramente a vegetação e os solos.

Um vínculo dessa relação é a agricultura, ao substituir a vegetação natural pela vegetação dos cultivos. Ao absorver menor quantidade de energia morfogenética, aumentando a eficácia dos processos, a agricultura traz efeitos de degradação ao intervir tanto nos fenômenos hidrológicos quanto nos fenômenos eólicos. Os efeitos são graves, sobretudo com os solos descobertos, pela ação incontrolável tanto eólica quanto das chuvas.

Enquanto as plantas de cultivo não tenham crescido, a degradação ocorre e alcança graus amplos de propagação. O quadro é variável segundo o meio físico-geográfico, o sistema de cultivo e a natureza das técnicas empregadas. "Os climas temperados com invernos rigorosos oferecem condições particularmente perigosas" (p. 148). O mesmo se diga dos climas tropicais de chuvas e aguaceiros abundantes. Mas sabe-se o efeito do sistema de *dry-farming*, nos Estados Unidos, onde "o solo é trabalhado várias vezes, umas a seguir às outras, com intervalos de algumas semanas, a fim de facilitar a penetração da água e de destruir a capilaridade, permitindo que a água que aí se encontra se evapore. Estas práticas são frequentemente aplicadas durante um ano inteiro de pousio. Os aguaceiros violentos e as chuvas de degelo provocam um escoamento importante, tanto mais ativo quanto é fraca a estabilidade dos agregados. O vento também exerce uma intensa deflação e alimenta nuvens de poeira. Varre também as partículas mais grosseiras, que se amontoam em dunas" (p. 147). A cultura do milho, por sua vez, exemplifica o tipo de exemplo degradante de cultivo. Ela "reveste muito mal o solo" e "as perdas de terras são muito elevadas", podendo atingir "quinhentas ou mil vezes as que se verificam numa parcela coberta por uma pradaria densa". É conhecida a relação em que por força do tipo de sistema e de cultivo a alimentação do solo em matéria orgânica fica insuficiente, diminui a estabilidade estrutural, decresce a fertilidade, a porosidade do solo e sua resistência à erosão pluvial, a pedogênese afrouxa, a alimentação em água deixa de ser assegurada, o escoamento superficial aumenta e arrasta as partículas, aparecendo os aspectos morfogenéticos da degradação.

Outro veículo é a pecuária, na qual os animais intervêm de duas maneiras: o pisoteio e o consumo seletivo dos vegetais. O pisoteio compacta o solo, diminui a capacidade de infiltração das águas e acelera o escoamento superficial. Ali onde se acumula, a exemplo dos lugares "aprazíveis" como a sombra das árvores ou proximidade de pontes, o gado destrói rapidamente o revestimento vegetal e o solo tende a ser posto a descoberto. "Uma pastagem mal organizada apresenta, ao fim de um certo tempo, manchas sem vegetação onde a água se acumula e escorre." Nestas áreas tornam-se comuns os ravinamentos.

A degradação dos solos, tanto na lavoura quanto na pecuária, está, assim, associada à degradação hidrológica por conta do bloqueio à infiltração e da aceleração do escoamento das águas superficiais, afetando as condições hídricas e, no limite, a pedogênese. A degradação geomorfológica e a degradação hidrológica caminham aí de par em par, pois assoreia os rios, altera o seu débito, impede a oxigenação de suas águas e degrada seu leito. A degradação hidrológico-geomorfológica vira degradação hídrica.

Por outro lado, na história humana há uma relação de preservação e uso combinados. De início se teve uma noção e foi dada uma solução de natureza empírica ao problema da degradação, sobretudo quanto mais as civilizações avançaram sua organização sobre os espaços. Disso dependeu sua tradição durável. É o caso da prática do pousio florestal, comum nas sociedades africanas tradicionais, e também da rotação trienal, antes bienal, também tradicional, no Ocidente europeu. O aumento da população "sem progresso técnico correspondente", pondo em risco o equilíbrio conseguido nessas formas de cultivo tradicionais, e a adoção de uma economia especulativa, organizada ao preço do capital natural, trouxeram os problemas de degradação atuais.

O recurso ao estudo integrado e à intervenção no meio com base em seus princípios é o fundamento do uso e preservação racionais de parte do homem. Um norte de referência é o enlaçamento do estudo-uso-preservação orientado no conhecimento e no princípio da morfogênese, relacionado com o da pedogênese.

Um conjunto de parâmetros serve de base para este norte. "A cartografia geomorfológica, apoiada num bom conhecimento da evolução geomorfológica regional, deve ser colocada em primeiro lugar" (p. 181). É um pressuposto do aperfeiçoamento ou criação do conhecimento das condições estruturais do ordenamento integrado desse nível de escala do espaço. "Uma vez conhecida a geomorfologia, pode iniciar-se o estudo pedológico, que ganha muito em poder apoiar-se numa carta geomorfológica." A pedogênese se casa com a vantagem da localização precisa, fazendo-se a relação entre o geomorfólogo e o pedólogo realizar-se no próprio terreno. "O mapa geomorfológico é também a base do estudo hidrológico." A margem de relação é de 70% a 80%. "Os estudos geomorfológicos são um elemento importante na determinação das unidades ecológicas." Chega-se, assim, na cadeia do estudo integrado, à unidade ecológica, base e propósito do estudo integrado. De modo que "Os programas de conservação devem partir duma dupla base, geomorfológica e ecológica".

Orientado nesses parâmetros, o estudo integrado caracterizar-se-á por um conjunto de recursos técnicos – o mapa topográfico, a fotografia aérea, as imagens de teledetecção (fotografias infravermelhas, termografia por varrimento, radar oblíquo), a fotointerpretação geológica –, e por voltá-los para o conhecimento dos sistemas morfogenéticos em suas escalas de tempo-espaço, num cunho ecológico integrado.

Tudo isto tem em vista atingir o propósito de fazer o conhecimento do meio geográfico convergir com o do ordenamento espacial, integrando num feixe meio e arranjo e escala de espaço.

O segredo é a escolha da escala de espaço-tempo adequada, considerado o balanço da margem de perdas e ganhos da escala escolhida.

Gerada a convergência, deve-se ter em vista que todo ordenamento integrado de espaço tem duplo aspecto: 1) uma repartição equilibrada do uso dos recursos, a exemplo da água, e 2) uma ação coordenada em toda extensão do conjunto do recorte de espaço escolhido, que deve abranger cada uma das etapas do ciclo morfogenético do seu meio ambiente e a interdependência dos seus elementos naturais e as formas possíveis de técnicas a empregar-se.

A técnica é o ponto de referência do estudo e dos programas de ordenamento. É o elo dinâmico do arranjo do espaço e meio geográfico. E é justamente o desenvolvimento padronizado das técnicas de intervenção nos diferentes recortes de espaço do planeta, a ubiquidade de sua presença e o grau geral de seu impacto, à escala da bioesfera, que "nos obriga a dar toda a importância a uma visão ecológica dos problemas".

A técnica e sua escala de ação, "eis o tema principal de reflexão de nossa época" (p. 194). Sobretudo porque "a natureza ignora as nossas divisões formais em ramos de ciência".

Richard Hartshorne: diferença e significância em *Propósitos e natureza da geografia*

Propósitos e natureza da geografia é um livro publicado em 1959, em resposta aos críticos de *The Nature of Geography*, de 1939. Estamos nos servindo da edição brasileira de 1978, da Editora Hucitec/Edusp, São Paulo, com tradução de Armando Correa da Silva. Há uma outra edição brasileira, publicada sob o título de *Questões sobre a natureza da geografia* pelo Instituto Pan-Americano de Geografia e História (IPGH), em 1968, com tradução de Thomas Newlands Neto, e pequenas diferenças em relação à edição que estamos utilizando.

Hartshorne é uma das expressões da Geografia norte-americana parcamente conhecida no Brasil, mas talvez tão rica quanto suas matrizes francesa e alemã. Tendo formado toda sua trajetória na Geografia Regional, pressente nos anos 1930 que profundos problemas de natureza teórica afetavam a ação investigativa e prática do geógrafo, indo aos clássicos para elucidá-los. Disso resultou o livro de 1939, e, num desdobramento, o de 1959. O que faz de Hartshorne e desses dois livros um dos poucos momentos de atenção à epistemologia na história do pensamento geográfico. *Propósitos e natureza da geografia* é um dos raros trabalhos escritos na Geografia mundial no campo da crítica teórica.

A definição

A Geografia, diz Hartshorne, é a ciência da diferenciação de áreas, incorporando a definição de Hettner, de 1898, inspirada em pronunciamento de Richthoffen de 1883 ao referir-se à Geografia Comparada de Ritter e Humboldt, e que realça a Geografia como uma ciência corológica. Sauer a referenda em 1925.

Há nesta definição um modo de entendimento distinto do de Vidal de La Blache, contemporâneo de Hettner, quando aquele concebe a Geografia como uma ciência dos lugares. É um contraponto também com as definições dos demais contemporâneos.

Na definição de Hettner, ele próprio observa, espelha-se a curiosidade universal do homem acerca das diferenças que distinguem a vida dos povos em seus distintos lugares e que fizeram da Geografia uma forma de ciência popular. Além de que ela permite, por seu caráter de comparação, o emprego na Geografia do método científico das ciências experimentais, "nas quais certos fatores são controlados e mantidos constantes, enquanto outros variam" (p. 17). E faculta trazer e empregar na Geografia igualmente o método da classificação, reunindo por meio dela comparação, padrão e taxonomia.

Algumas categorias de análise com isso despontam: semelhança, similaridade, diferença, identidade, contraste, variação, que em seu entrelaçamento emprestam ao método geográfico uma característica de peculiaridade. Porque por um lado em Geografia " [...] 'similaridade' não é o oposto de 'diferença', mas uma simples generalização na qual as diferenças consideradas de menor relevância são postas de lado e realçadas as que forem julgadas de maior importância. Alguns autores procuram evitar incompreensões, falando sempre em 'diferenças e similaridades', sem reconhecer que a expressão é redundante. Também poderá acontecer que o emprego repetido do termo 'diferenças' confira indevida ênfase à busca de 'contrastes'. Desse modo, parece aconselhável utilizar a palavra neutra 'variações'" (p. 18). Todavia, ao contrário do que entendem os críticos de Hettner, o conceito de variação enfatiza a existência e o papel de importância da relação, sem que isso minimize o valor do caso isolado e único em Geografia.

Vale ressaltar-se que estudo de "diferenciação de áreas" não significa que a Geografia se limita a "distinguir áreas", a "estabelecer diferenciações entre uma e outra área", ou "a mera descrição". Muito menos significa que com isso se negue a definição da Geografia como estudo da relação entre o homem e a natureza. Não seria necessário mencionar na sua definição a referência a "relações" ou "leis", "presumindo que isso é óbvio", a exemplo do que temos para as ciências experimentais.

É evidente que a Geografia, ciência corológica, é uma ciência de relações. E Hettner distingue entre relações mútuas ("existente entre diferentes fenômenos num mesmo lugar") e relações de conexão (existente entre lugares diferentes). Exemplo desses últimos são a água, o ar, fragmentos de substâncias sólidas e animais, que se deslocam entre um lugar e outro, "produzindo interconexões de lugares". E é fundamental perceber que "com a introdução do homem na cena, este aspecto dinâmico do caráter das áreas se torna muito mais importante, porque constitui um dos atributos particulares do homem o fato de que ele não apenas se desloca de um lugar para outro, mas também põe as coisas em movimento" (p. 20).

Mas há relações entre áreas porque há diferenciação. Daí a importância do conceito de variação espacial, de igual importância ao de diferenciação, que confere conteúdos explícitos às áreas, implica relações mútuas e significa interação entre elas. No entanto, tudo referenda o pressuposto prévio da diferença. Até porque é importante perceber que ambas as expressões – diferenciação de áreas e relações entre áreas – se abrigam no conceito maior de variação, sem o que a diferenciação de áreas não se forma e não é possível a interação.

Tudo isso remete o campo formal da Geografia à superfície terrestre, o plano real do mosaico das áreas diferenciadas como produto da variação e morada do homem, concepção em que as definições de Hettner e de Vidal de La Blache se encontram, ambas partindo de e referendando a noção corológica de Ritter.

O múltiplo e o uno

A referência na superfície terrestre e o modo corológico de vê-la fazem da Geografia uma ciência da heterogeneidade. E uma ciência que lida com o heterogêneo, seja no sentido do conceito de relações mútuas, seja no sentido do conceito de relações de conexão.

O movimento do recorte areal, critério da corologia, é o critério de conferimento de unidade do múltiplo na Geografia. E é esta referência areal que põe a Geografia em acentuado distanciamento, mas sem delas se apartar, das ciências sistemáticas, as ciências sistemáticas se pautando por centrar-se cada qual numa esfera particular de fenômenos, a exemplo da Biologia com as plantas, da Meteorologia com a atmosfera, da Geologia com as rochas, a Geografia unificando os fenômenos por área. Diferenciam-nas, pois, o enfoque. As ciências sistemáticas agregam os fenômenos de um modo, a Geografia de outro, em seu critério de área. Essa diferença vem de Ritter e Humboldt. "Nas análises de Ritter, a heterogeneidade dos fenômenos foi não só aceita mas acentuada como característica essencial da Geografia. A matéria encontra sua unidade e especificidade, como campo de conhecimento, através do estudo do caráter das áreas, determinado pela multiplicidade dos aspectos que, em suas inter-relações, recobrem as áreas da superfície terrestre" (p. 30). Por sua vez, Humboldt fala da "compreensão da unidade na multiplicidade". Por isso Richthoffen considerou que "O objeto específico da Geografia é estudar como a multiplicidade dos fenômenos na superfície terrestre constitui uma unidade". Ressalte-se que Richthoffen atribui o fato do uno do múltiplo ao ponto de vista corológico da Geografia, ao dizer que "O ponto de vista corológico analisa de que maneira os elementos mais heterogêneos das áreas se vinculam através das relações causais para constituir o caráter das diferentes áreas do mundo e também desse mundo como um todo" (p. 32), dando ênfase ao movimento da diferenciação do fenômeno em sua repartição em áreas na superfície terrestre.

O método

Ficam, assim, diz Hartshorne, caracterizados a unidade da heterogeneidade, o ponto de vista corológico e o método comparativo como os traços distintivos do perfil e do método da Geografia. E que põem o problema de como dar conta da heterogeneidade num ponto de vista corológico por meio do método da comparação.

A unidade da diversidade mobiliza a Geografia para o problema da significância. Como não se trata de pretender-se atingir toda a complexa heterogeneidade do todo, o princípio do método é lidar com seus elementos constitutivos essenciais. Mas qual a medida de significância na Geografia?

Sem dúvida, o caráter variável da área, visto a partir dos elementos que formam o padrão comum de medida das variações, é o centro da resposta. "Efetivamente [...] cumpre reconhecer que a análise completa do 'complexo total' não é praticável, como também não deve ser postulado como alvo teórico.

Tal meta exigiria, até mesmo no estudo de uma pequena área, a análise de um número literalmente infinito de elementos incomensuráveis. Por conseguinte, somo obrigados, mesmo na teoria, a encontrar a base racional e consistente a fim de considerar em nossos estudos algo menos do que o número total de aspectos variáveis compreendidos no complexo total de um lugar. Que padrão comum de medida poderá ser utilizado para determinar quais os aspectos que devam ser direcionados como mais, e não como menos, significantes na formação do caráter variável de uma área?" (p. 39).

Isto quer dizer saber combinar sejam os "elementos que poderiam participar de uma construção racional", como na proposta de A. Cholley, sejam os elementos acidentais "que ocorrem em casos isolados". De modo que a detecção do caráter variável da área pede que se considere a "preocupação com as combinações integradas de fenômenos inter-relacionados espacialmente, inter-relacionados no mesmo lugar e inter-relacionados através do espaço com fenômenos de outras áreas" (p. 40).

E, nesse âmbito, saber evidenciar o aspecto típico, geral e permanente, isto é, que se anuncia como o aspecto que mais tem relação com os demais, sendo assim o significante para o todo e cada elemento. "Na prática isso é feito através de tentativas segundo o método de ensaio e erro. Uma vez que não podemos principiar com o estudo da totalidade das variações que se observam numa área, temos que começar pelo aspecto típico particular, o qual, com base no conhecimento geral de muitas áreas, ou mediante observações exploratórias de uma área particular, julgamos ser tão inter-relacionado a outros fenômenos a ponto de constituir um aspecto significante, digno de estudo" (p. 41).

E, então, na investigação, saber combinar ao(s) fenômeno(s) tornado(s) significante(s) aqueles outros que com ele(s) se relacionam em mais alto grau, de modo a assim realizar um mergulho profundo na heterogeneidade, seja na relação entre as áreas (relações de conexão), seja na relação interna a cada área (relações mútuas).

Natural, natureza e homem

Neste plano de heterogeneidade, observa então Hartshorne, natural e natureza são termos próximos, mas que se distinguem. Natural é a "parte da realidade independente do homem". Natureza é o todo que inclui a parte humana. E deve-se ter em mente que "as relações que existem entre o mundo do homem e o mundo não humano se revelam de maior interesse para a Geografia" (p. 52), e que nesse particular deve-se ter a lembrança de que "em Humboldt, como também junto aos seus predecessores, a palavra 'natural' foi empregada no sentido de incluir todos os fenômenos observados fora da mente do observador, ou seja, denotava a realidade objetiva" (p. 52). Donde diferir ao tempo que se distingue natural, natureza e homem.

Natureza é um conceito de subjetivação encontrado por dentro, seja do fenômeno natural, seja do fenômeno homem. A heterogeneidade ganha, assim, campo abstrato e taxonômico de aglutinação. A distinção é entre a qualidade dos fenômenos, a natureza se expressando na unidade mais íntima deles. Um tema que é correlato ao conceito de paisagem de Sauer como movimento e transformação e por isso "comprovadamente um conceito profundamente teórico", é sempre um "complexo de elementos", de vez que a Geografia lida com "os aspectos da terra".

"Não foi por acaso que, até época muito recente, não existia uma palavra comum, capaz de descrever o conjunto da natureza, dele excluindo o homem" (p. 53). Fato é que só com o advento do neokantismo, separando as ciências em humanas e naturais, a dicotomia acontece. Ou "Devemos porventura concluir que os geógrafos que estudaram a terra no século passado desenvolveram a capacidade, ausente em seus predecessores, de separar o mundo do homem e o mundo não-humano, como entidades objetivas?" (p. 53). Na realidade, eles acompanham a reforma neokantiana da divisão convencional das ciências, reforma que agrega as ciências umas no campo dos fenômenos naturais e outras no campo dos fenômenos humanos, reduzindo a natureza ao natural inorgânico e distinguindo-a dos fenômenos humanos.

Vale, assim, fazer-se a observância seja das referências filosóficas que estão presentes no âmbito dos conceitos, seja a presença do determinismo na história do pensamento geográfico, ambos os fatores influenciadores da compreensão de natureza, natural e homem que, a cada momento, orientou os conceitos da Geografia. Sobretudo, se considerarmos que "o homem, como parte da natureza total, depende manifestamente da natureza-menos-o-homem, que existirão antes dele e podem existir sem ele" (p. 65).

Geografia Física e Geografia Humana

Humboldt entendia que fazia uma Geografia Física que era uma "Geografia do Mundo", isto é, um discurso de ciência "dotada de leis, como a Física". Não se aproxima, assim, do sentido e conteúdo do que hoje chamamos por esse nome. "Por conseguinte, para Humboldt como para Kant a Geografia Física incluía o homem, não em virtude de uma reflexão posterior, mas como essencial à unidade da natureza" (p. 72).

Há, assim, uma progressão regressiva daquela para a atual concepção. A tradição pós-Humboldt passou a entender em suas obras no relativo ao homem apenas a parte concernente às raças, até que o homem foi suprimido totalmente delas, físico passando a ter o significado exclusivamente daquilo que é inorgânico, e assim se manteve até hoje.

A Geografia ganha, então, o perfil dual que levou Fairgrieve a indagar se se trata de uma ciência do "homem em face de tudo mais" ou do "orgânico em contraste com o inorgânico" (p. 73). Só então Geografia Física e Geografia Humana como as vemos hoje surgem no horizonte da estrutura e classificação geográfica, já longe das ideias seminais de Humboldt, Ritter e Kant, seus modernos formuladores. E Geografia se torna um nome-ponte que liga "os dois lados". A própria Geografia Física se torna um "lado" ao lado da Biogeografia, ao mesmo tempo que vem a ser uma área de ciência "constituída de fragmentos quase descontínuos".

Resta, no horizonte, o retorno à superfície terrestre, que embora sendo um todo formado pela diversidade não isola ou separa nenhum fenômeno do outro. "A crosta da terra, que constitui, somente ela, a matéria unitária dotada de real totalidade de organização é formada de partes inextricavelmente interligadas, não só de terra, ar e água, mas também de plantas, animais e homens; campos, sebes, celeiros e casas; estradas, trens, livros e sons transmitidos pelo rádio. Todos esses aspectos animados e feitos pelo homem são intrinsecamente constituídos de vários fragmentos de materiais sólidos, líquidos e gasosos, provenientes de formas inanimadas. Por conseguinte, se subtrairmos desse conjunto o homem e todas as suas obras, o que restará há de ser algo menos do que a totalidade da terra inorgânica. Será uma abstração mental, destituída de coerência na realidade" (p. 75).

A presença do homem é o fator unitário da própria Geografia Física. E a melhor expressão disso é o conceito de meio, um conceito relativo a um algo que não é mais que o próprio homem.

Há, assim, que ter em conta o sentido unitário do conceito de meio na Geografia como um todo. "Investigar a operação das leis da natureza não-humana, na face do planeta, é realizar uma abstração intelectual: de um lado, ela destrói a unidade real de todos os elementos terrestres; de outro, não forma por si mesma uma unidade parcial, uma parte integrada do todo" (pp. 74-5). O homem é uma presença constante no conceito do meio, a forma presente sendo reducionista em relação à forma passada, fato desconsiderado pelos geógrafos do presente já que "Em contraste, o conceito de 'meio natural' pareceu aos geógrafos da geração passada conferir uma certa forma de unidade à Geografia Física. Eles se esqueceram que o próprio termo não passa de uma denominação coletiva, que abrange elementos individuais e complexos de elementos, os quais só podem ser integrados em termos do que estiver envolvido o meio" (p. 75). É um raciocínio que vale para a Geografia Humana, em que a presença do homem não pode disfarçar, no próprio homem, a presença da natureza.

Importa ver o conceito no plano do(s) elemento(s) significativo(s) da integração da heterogeneidade do diverso, agora visto como um todo complexo de elementos aqui e ali recortado em áreas no âmbito extensivo da superfície terrestre. Tal é o que buscaram fazer recentemente Cholley e Le Lannou, na França, e Bobeck e Smithüsen, na Alemanha, embora estes últimos o façam nos limites de uma partição do todo nos planos do inorgânico, do orgânico e do humano, sem referências de significação unitária mais clara, além de Otremba, este numa tentativa de aproximar a Geografia das ciências sistemáticas. E isso porque no fundo o tema das dicotomias é o das leis científicas em Geografia. Há leis geográficas? São elas de um mesmo jaez de legalidade?

Lei científica e ciência em Geografia

Vem de longa data o problema do estatuto e do perfil de ciência da Geografia. Seu começo já está presente em Estrabão e ganha o formato da indagação mais precisa com Varenius, em 1650, no trânsito para a era moderna.

A preocupação central é com a natureza das conexões que interligam os fenômenos. Sabe-se que estes se correlacionam, mas não se tem clareza sobre como isso se faz como Geografia e como determina seus movimentos. A discussão preliminar é se os fenômenos obedecem a determinações de ordem geral ou se de ordem de recorte do espaço terrestre específico. E é essa indagação que surge na forma do debate do caráter sistemático ou regional da Geografia. Na segunda metade do século XIX o debate Geografia Sistemática *versus* Geografia Regional é substituído pelo de Geografia Física *versus* Geografia Humana, dada a "confusão (criada) pelo fato de que certos estudiosos que surgiram depois, notadamente Kant e Humboldt, substituíram a palavra 'geral' (que frequentemente se usa em equivalência a sistemática) pela palavra 'física' (de Física), e classificaram todos os estudos genéricos, neles incluídos os que versam sobre os homens, no campo da Geografia Física" (p. 116).

No início da Idade Média já ganhara o sentido de lei regente a noção de lei substituindo e qualificando a de conexão. "No desenvolvimento da Geografia realizado pelos primeiros estudiosos gregos e romanos, uns consideravam que a função dessa matéria seria, primordialmente, organizar as informações acerca dos diversos países, enquanto outros procuravam medir a terra, delinear os rios até suas fontes, ou estabelecer zonas climáticas. Berger descreveu pormenorizadamente as mudanças de ênfase e as controvérsias entre essas duas escolas opostas, na Geografia grega e romana. Na Geografia moderna, a maior parte dos debates podem ser rastreados até a obra de Bernard Varen (Varenius), de 1650. Utilizando-se de expressões empregadas por mais de um de seus predecessores, Varenius definiu a 'Geografia Geral' como a parte da Ciência (*scientia*) que 'estuda a Terra em geral, descrevendo suas várias divisões e os fenômenos que a afetam como um todo'. Proporciona essa disciplina os 'fundamentos' e as 'leis gerais' da Geografia, a serem aplicadas nos estudos de países particulares, que constituem a 'Geografia Especial'. Se a Geografia, em sua expressão de conjunto, devia 'reivindicar a pretensão de ser chamada Ciência', seus cultores teriam de dar muito maior atenção, do que geralmente acontecia, às pesquisas em 'Geografia Geral'. Consequentemente, Varenius, que publicara no ano anterior um estudo regional sobre o Japão e o Sião, no qual parte dos capítulos diziam respeito a aspectos humanos, entregou-se à tarefa de oferecer um tratamento sistemático de Geografia Geral, no qual fossem versados em larga medida, embora não de maneira exclusiva, aspectos não humanos" (pp. 115-6).

O passar do tempo não resolve o dilema. De modo que o caráter polêmico de um debate sobre as leis que regem e formam o perfil e os princípios da Geografia como ciência e, em desdobramento, seu modo de incidência no espaço da superfície terrestre de novo tenta ser explicitado agora. O tema sistemático *versus* regional veramente refere-se ao problema da lei científica em Geografia, que a valida ou a inviabiliza como ciência.

Não foi o rumo que o tema seguiu. A polêmica é basicamente acomodada na proeminência que acaba por se dar ao conceito de região, enquanto categoria analítica e do trato da superfície terrestre em Geografia, no fundo produzindo-se uma espécie de "ciência sistemática das regiões" que resulta em estabelecer-se a região e a Geografia Regional como o perfil e âmago da Geografia.

Desaparece, assim, a Geografia Sistemática, substituída pela Geografia Física e pela Geografia Humana sistemáticas, com a discordância na Alemanha da parte de Schmtthenner, Lautensach e, sobretudo, de Hettner, lembrando estes geógrafos que a Geografia Sistemática diz respeito a uma superfície terrestre vista no recortamento de suas áreas, atenção esta marcada na ênfase que nela se dá à leitura e ao conceito da paisagem. E que este enfoque é que a faz diferir justamente das ciências sistemáticas.

E assim fica aparentemente respondida, na verdade até hoje obliterada, a temática da lei e da natureza ciência. E, assim, também, a pergunta que indaga – fundamento do problema do tema do perfil – sobre a natureza, se individual ou se coletiva (é o caso individual, isolado, singular, tema e possibilidade de investigação da Geografia ou ela em sua capacidade só lida com o fenômeno relacional e de grupo, no seu enfoque da superfície terrestre como um complexo de elementos, independentemente de se num sentido sistemático ou regional?), do fenômeno que submete a Geografia à analise. É uma ciência nomotética ou idiográfica (como no tempo de Hettner se indagava em face da influência do neokantismo de Windelband e Rickert)?

O fato é que seja na oposição sistemática-regional, seja no seu desdobramento em física-humana, deixam-se de responder os três temas que atravessam toda a história do pensamento geográfico: o da lei, o da natureza do fenômeno geográfico e o do perfil de ciência da Geografia. E é por esse vácuo em que entra a solução inócua que acaba por envolver a Geografia em nova e mais vazia polêmica, a do determinismo.

IDEIAS E ESTRUTURA DO DISCURSO

Continuidade e descontinuidade no pensamento clássico

Há entre os clássicos uma relação visível de continuidade e descontinuidade. A presença comum dos temas e conceitos fala de uma continuidade. O modo de compreensão e projeção dos conceitos sobre o real dando em concepções de relação espaço-mundo diferentes fala de uma descontinuidade. E há em cada obra um modelo matricial.

Há em comum entre eles o longo arco de tempo que vai de 1860 a 1960, tempo que corresponde ao período de consolidação e auge do capitalismo como modo de produção e do surgimento das primeiras experiências de fazer a história ir para frente como um ato de ação consciente dos homens na busca de uma alternativa socialista. E há de diferente o tempo específico e a realidade temporal. E o modo como vêm e se posicionam dentro desse tempo-espaço.

O tempo de Reclus e de Vidal de La Blache é o mesmo. Não o espaço. A primeira Revolução Industrial está completando seu ciclo na França e na maioria dos países da Europa e a segunda já se desenvolve a passo acelerado. Ao lado dos países da Europa, os Estados Unidos e daqui a pouco o Japão igualmente evoluem como nações industrializadas, e já o fazem no contexto da segunda Revolução Industrial, por sinal, nascida da Guerra da Secessão dos anos 1860 nos Estados Unidos (Moreira, 2000).

A obra de ambos reflete esta fase de passagem. Capta uma época de história já industrializada, mas em muitos pontos ainda rural. Mas por sua condição de exilado e seu envolvimento com o movimento socialista – é um dos fundadores da Primeira Internacional dos Trabalhadores – Reclus tem uma visão mais continental e sociopolítica que Vidal de La Blache, embora não escape a este o contexto de mudança e sobretudo a força da indústria em seu poder de transformar e construir o novo. E, enquanto Reclus põe sua atenção no quadro social e político de uma França e Europa industrial e urbana, Vidal de La Blache opta por mergulhar seus olhos no passado da evolução humana. Os propósitos são diferentes: Reclus quer traçar o mapa das tensões que conduzem o quadro de revoluções que dominam o seu tempo e Vidal de La Blache almeja lançar os fundamentos de uma Geografia das Civilizações.

Eis a razão da diferença dos enfoques, dos sujeitos das ações e dos conceitos que povoam suas reflexões e análises. A forma monopolista de organização empresarial, a concentração técnica e do capital que daí advém, a massa de homens e mulheres forçados a migrar do campo para se oferecer como mão de obra barata nas indústrias da cidade são os fenômenos que se transferem da realidade das paisagens para os escritos de Reclus. A civilização humana desde seus ensaios de organização societária, as primeiras experiências de constituição da cultura, os hábitos e costumes que cimentam e edificam os gêneros de vida, as grandes transformações que impõe a indústria e o significado disso na concepção de uma Geografia da Civilização são os que vão para os escritos em Vidal de La Blache. Daí que o nascimento e lutas da classe trabalhadora industrial sejam a temática que interessa a Reclus. E o gênero de vida e seu modo de vincular os homens aos meios geográficos em diferentes civilizações a que interessa a Vidal.

Por seu lado, é parte o mesmo e parte outro o tempo-espaço de Brunhes. A marcha contraditória da relação ambiental dos homens com o espaço nas sociedades ao longo da história que vê a partir da Suíça – na fronteira entre geógrafos franceses e alemães, incorporando de um lado a influência de Vidal de La Blache e de outro de Reclus, num diálogo forte com a obra e o pensamento de Ratzel, e que transporta para os seus escritos – é o que interessa a Brunhes. A primeira Revolução Industrial já cumpriu sua etapa e a segunda já dá seus largos passos. Parte essencial da infraestrutura é ainda a da fase da primeira Revolução Industrial. Mas as formas de energia e os meios de transporte e comunicação são já da fase da segunda. O espaço mostra na paisagem essa ambiguidade. O que explica a aparente dissonância de Vidal e Reclus e a presença distinta de Brunhes. É a destruição das paisagens pelo avanço da nova técnica da indústria o que chama a sua atenção. Brunhes a vê como parte congênita da própria técnica industrial e o problema ambiental como um dado necessário à própria construção dos espaços, um processo de construção-destruição e destruição-construção, diz, entendendo caber ao homem encontrar a forma adequada de promovê-lo. E a forma de Geografia que cria e vai fazer chegar até o olhar ambiental de Tricart. Essa devastação ambiental é também notada e denunciada por Reclus, mas este a vincula à dissolução dos modos de vida comunitários trazida pela instituição da propriedade privada capitalista, associando num mesmo destino a natureza e o homem na sociedade industrial, numa trajetória teórica que vai dar em George.

Pode-se dizer que começa assim, dessa forma comum e diferenciada, a relação de continuidade-descontinuidade que vai entrelaçar a Geografia dos primeiros clássicos.

• • •

Sorre tem diante de seus olhos a segunda Revolução Industrial já consolidada nas formas das paisagens e do espaço. A simplicidade da configuração dos arranjos do tempo de Reclus, Vidal de La Blache e Brunhes desapareceu para dar lugar a estruturas espaciais mais complexas. E essa complexidade é o que Sorre traz para seus escritos. Pode-se dizer que é o geógrafo que melhor capta e transporta para a teoria a sociedade complexa dos anos 1930 a 1960, quando publica o livro que nos serve de referência, e quando morre.

Se a primeira Revolução Industrial preservara a França e a Europa do burgo acanhado do período de transição capitalista, tão magistralmente analisada por Reclus, e ainda vista por Vidal de La Blache e Brunhes, a segunda Revolução Industrial varre em poucas décadas seus últimos resíduos e torna o espaço industrial capitalista a forma de organização do espaço. Que a Europa transporta para os Estados Unidos e o Japão e começa a transportar para as colônias libertadas.

A grande cidade aparece e assoma a paisagem. Já era ela que aparecia na descrição dos grandes empórios comerciais em Vidal de La Blache, das grandes áreas portuárias em Reclus e das casas e caminhos de Brunhes. Mas impressiona a Sorre a sua complexidade estrutural. O tamanho da sua população. A sua estrutura interna. A sua influência mundial.

A grandiosidade da estrutura é tanto interna quanto estrutura externa. As cidades são já grandes polos que ordenam as relações entre países e lugares. E são elas que estão no comando do "espaço derivado" imperante nos países atrasados. É aqui que aparece o sistema de circulação em que a ferrovia, antes poderosa diante dos olhos de Vidal de La Blache, se vê obrigada a ceder o poder de influência para a rodovia e a aerovia, nutridas no petróleo.

Mais que isso, dominam o mundo as grandes manchas de concentração urbana e industrial. As acanhadas plantas urbano-industriais que tomam conta das páginas de Reclus,Vidal e Brunhes dão lugar em Sorre à paisagem dos grandes complexos. A indústria está livre dos constrangimentos locacionais das minas de carvão e dos limites físicos do transporte ferroviário e se multiplica para uma escala proposta para além dos limites em que aqueles a haviam encontrado. Os campos de cultivos e criações evoluem no contato dessa indústria para uma diversidade de áreas especializadas, de onde diariamente saem toneladas de produtos pelas estradas e ferrovias em demanda das cidades industriais e outros centros de consumo. O tráfego intermitente traz, em contrapartida, a ideologia do consumo e o cotidiano da cidade para o interior antes rural, urbanizando o campo intensamente. A sociabilidade urbano-industrial ganha a escala de mundo.

É assim que a realidade que Sorre conhece já não lhe permite usar os mesmos nomes e conceitos de paisagem do tempo de Reclus, Vidal de La Blache e Brunhes. E assim volta sua atenção para a tarefa redobrada de repensar suas teorias por parâmetros que tragam o conteúdo novo para o domínio do discurso geográfico. E encontra resposta numa Geografia Ecológica, em grande parte na esteira das preocupações e enfoque que tomara as atenções de Brunhes e Reclus, mas no propósito de aproximar o enfoque para a raia da sensibilidade humana, criticando, por exemplo, os geógrafos por um conceito mais meteorológico que biossensível do clima e da climatologia. E por sua teoria mais físico-matemática que corpórea da teoria do espaço. Nascendo seu conceito de ecúmeno.

George é de um tempo de desencanto. A mundialização que se acelerara a partir dos anos 1950, e que Sorre só vê em seus efeitos de mudança, produziu no tempo de George todos os efeitos sociais previstos por Reclus e ambientais previstos por Brunhes. E isso em escala mundial. O fenômeno industrial expandiu-se para a América Latina, a África e a Ásia. E vem acompanhado de um largo movimento de libertação nacional de colônias e ex-colônias. A um só tempo criando um período de fortes embates no campo das relações políticas e de corrida para a superação do estado de atraso pré-industrial, acelerando o desenvolvimento do desenvolvimento da indústria e das trocas industriais que enlaçam todo o planeta numa divisão industrial internacional do trabalho e das trocas capitalistas. E essa nova realidade logo é transformada numa teoria e nomenclatura novas que classificam os países ora em industriais e pré-industriais (ou agrários), desenvolvidos e subdesenvolvidos, hegemônicos e dependentes, do ponto de vista socioeconômico, ou em históricos e não históricos, ou com-Estado e sem-Estado, do ponto de vista histórico e antropológico, que os olhos perspicazes de George avidamente captam e sua intelecção transforma em conceitos e livros que o fazem surgir como um dos geógrafos mais produtivos de sua geração.

Se Sorre vira a indústria formar grandes manchas de concentração urbana, com cidades dominando o campo, George a vê abandonar a cidade e migrar para o campo. E, assim, a cidade terceirizar-se, a tecnologia e as trocas industriais avançarem sobre campos e cidades, as relações de mercado chegarem aos confins do planeta historicamente ocupados por povos de uma "geografia da natureza sofrida", povos de cultura e modos de vida comunitários, que Reclus vira em embate com um modo de produção capitalista nascente e que George vê defrontar-se agora com o capitalismo mundializado e imperialista.

Por isso, a bagagem da teoria clássica parece-lhe insuficiente, partindo, como Sorre antes o fizera, e já com a incorporação das reformulações deste, para um novo padrão de referência. A tensão social que vê explodir em lutas e revoluções do seu tempo, é isso o que toma para matriz e fundamentos de sua teoria e transporta para as páginas de seus livros.

Nesse mister de refazer a teoria, George, mais que o próprio Sorre, mobiliza amplamente o arsenal das categorias da Geografia clássica, emprestando-lhes o sentido de história que retira do marxismo e de onde no fundo sempre parte. A paisagem nele vira um palimpsesto. O arranjo espacial ganha o *status* de categoria maior do método. O espaço do ecúmeno adquire um sentido de modo de existência, noção que pela primeira vez ganha um caráter teórico da Geografia.

Tricart é do mesmo contexto de desencanto. Mas seu foco espacial é o do enfrentamento teórico e prático dos efeitos ambientais da indústria triunfante. E introduz pela primeira vez na Geografia o duplo espaço-meio ambiente como visão dos problemas. É com ele que a denúncia brunhiana e reclusiana dos efeitos ambientais do formato dos arranjos espaciais se torna teoria. E orienta seus estudos para a análise da relação dos modos de arranjo do espaço com a eclosão dos problemas de meio ambiente, juntando espaço e meio ambiente na forma sintética do conceito do meio geográfico.

Retomando a perspectiva brunhiana do espaço como construção-destruição, e, tal como Brunhes, vendo a origem da destruição não construtiva do meio ambiente na relação deste com o modo do arranjo do espaço em construção, Tricart leva o conceito de morfogênese para o terreno dessa relação. Assim reacende o interesse pelo conceito de meio geográfico originado por Vidal de La Blache a propósito do conceito do gênero de vida. E recupera ao tempo que refaz o conceito de escala de Sorre, que a exemplo do conceito de gênero e modo de vida de La Blache já caíra no esquecimento, contemporaneizando-a para a conotação de sua época de uma escala de espaço-tempo unificada pela indústria.

Hartshorne também está atento para as solicitações do tempo. Sua matriz geográfica é por isso também um efeito de um mundo organizado e integrado na dinâmica da indústria e das trocas industriais, vendo-o nos mesmos anos 1950 de Sorre, mas do mirante privilegiado dos Estados Unidos.

Também para Hartshorne a década de 1950 é quando se acentua a aceleração das transformações dos arranjos do espaço trazida pela tecnologia da segunda Revolução Industrial. Com a vantagem de vê-la a partir dos Estados Unidos. A dissolução dos recortes regionais, que fora uma das características do arranjo espacial da fase da primeira Revolução Industrial, e a unificação e ao mesmo tempo a diferenciação de novo tipo do espaço norte-americano, que George descreve para os anos 1960, mas também a prática do consumo desenfreado, que Sorre toma para essência do seu conceito de sociabilidade urbano-industrial, preocupam-no e ele vê a saída no conceito de diferenciação de áreas de Hettner.

Daí parte para lançar luz sobre os demais conceitos, desde o de recorte da paisagem (ou da paisagem como recorte) até o de *habitat*, num quadro de referência da organização do espaço na diferença e da superfície terrestre como corologia que nos anos 1970 irá ganhar sua tradução de vulto no conceito da espacialidade diferencial de Yves Lacoste.

Modelos e fundamentos

A relação de continuidade e descontinuidade que vemos haver entre os clássicos em grande parte é o reflexo do movimento de mudanças e permanências que caracteriza a forma de sociedade que têm diante de suas obras. No longo arco de tempo de quase cem anos que separa Reclus e George, a base dessa sociedade é a relação da produção e trocas industriais, uma forma de infraestrutura que aqui e ali se modifica sem que as relações da indústria saiam de cena como a relação de base.

Daí a sensação de repetição temática que a leitura das obras nos passa em contraste com a de que não estão falando da mesma coisa. Nota-se essa aparente dissonância na forma como a noção de gênero de vida é tomada para análise em Vidal de La Blache e George. O que Vidal de La Blache chama de gênero de vida, para pegarmos um exemplo, não é o mesmo fenômeno que chama de gênero de vida George. De um lado porque a forma real do gênero de vida muda com o tempo, refletindo-se na forma das leituras. De outro lado porque através do fenômeno e seu conceito Vidal de La Blache quer alcançar um dado nível e fazer a leitura dada de uma realidade, e George está voltado para uma outra. Desse modo, embora o gênero de vida seja tanto para um como para outro uma forma de organização social de vida, não tem ele o mesmo valor relativo dentro da estrutura e organização da sociedade humana para um e para outro.

O que se depreende disso é que o que é chamado de paisagem e o tipo de realidade que através dela se alcança é função do interesse e mirante do olhar de quem está olhando. Isso num primeiro ponto. Além disso, o lugar do real a que se chega por meio dela depende também do momento histórico do fenômeno que a paisagem expressa. O fenômeno muda na história e o enfoque paisagístico prende o conhecimento e a compreensão que está ao seu alcance nesse limite. O que indica uma relação de continuidade e descontinuidade na natureza do fenômeno, que se reflete numa relação de continuidade e descontinuidade entre os analistas. É isso que vemos a propósito do gênero de vida em Vidal e George. E para a generalidade dos clássicos que vimos aqui analisando.

Daí que no geral são os mesmos os temas que eles analisam. Mas não o foco e o enfoque. Esta é uma característica que os une e os separa. Os temas são os de uma sociedade capitalista hegemônica sobre a história. E da natureza da Geografia como ciência. O foco corresponde ao ângulo de visada do tema, o que tem a ver com a mundivisão e posicionamento de cada clássico frente o seu mundo vivido. E o enfoque remete aos fundamentos teórico-metodológicos utilizados, que em cada clássico tem conceitos e formatos de análise e interpretação compreensiva diferentes.

Por isso podemos chamar a teoria de Vidal de La Blache, de Brunhes e de Sorre de uma Geografia da permanência, e a de Reclus, de George e de Tricart de uma Geografia da mudança. E chamar a todas elas pelo mesmo nome de Geografia clássica.

Seja como for, há uma certa aproximação na teoria e no método de Vidal de La Blache, Brunhes, e Sorre e uma outra na teoria e no método de Reclus, George e Tricart. Se olharmos para os grupos gassetianos sob uma ótica diferente.

E essas aproximações e afastamentos são perceptíveis na forma como estes clássicos classificam e lêm a paisagem, concebem o papel da técnica na construção das sociedades a partir da construção do espaço, entendem o modo como o arranjo do espaço arruma a interação entre os objetos e os homens na sociedade, definem por eixo discursivo na Geografia. E daí no elenco das categorias e conceitos com que trabalham.

Vejamos este quadro nas suas dissonâncias e recorrências.

A taxonomia e leitura das paisagens

A paisagem é certamente o mais recorrente dos temas. O tema das paisagens une os clássicos. O sentido que lhe emprestam e o tipo de paisagem a que recorrem para atingir o entendimento os separam.

Em Vidal de La Blache são as paisagens agrárias e suas formas o tema central da leitura geográfica. Em Reclus são as paisagens dos conflitos socioespaciais da sociedade industrial. Em Brunhes e Sorre, as paisagens dos arranjos criados pela técnica industrial. Em George, as indicadoras do modo de organização espacial da sociedade. Em Tricart, as ordenadoras do meio geográfico. Em Hartshorne, as que informam os estados da diferença. Mesmo quando o momento histórico e a sociedade são os mesmos, como em Vidal e Reclus, ou em George e Tricart, o que buscam atingir através dela não o é.

Vidal de La Blache e Reclus são contemporâneos de um mesmo momento, mas olham para focos e por matrizes de pensamento diferentes. A paisagem das culturas e criações é o tema privilegiado por Vidal de La Blache. Reclus põe o peso central na paisagem social do mundo da indústria.

Assim, Vidal de La Blache volta sua atenção para a descrição da paisagem agrícola, sobretudo os polos originários das plantas (o milho como cultura de origem americana, o trigo como de origem euroasiática, o arroz como de origem asiático-oriental e as raízes e tubérculos como de origem africana) e dos animais (a lhama, o cavalo e o camelo) que se converteram nos gêneros de vida e regimes alimentares das civilizações.

Interessa a Vidal de La Blache mostrar a vinculação dessas paisagens com a instituição das formas de cultura e de civilização, através dos gêneros de vida por meio dos quais se organizam. Daí a detalhada descrição que faz da evolução das técnicas agrícolas, da descoberta do fogo e da origem da agricultura, da correlação das culturas com as formas de bioma e da caracterização do conjunto como um meio geográfico. A correlação entre os gêneros de vida e o meio geográfico leva-o a analisar em detalhes a distribuição dos fenômenos no espaço. Então, mostra a ligação dos gêneros de vida agrícola com as áreas de florestas. E dos gêneros de vida pastoris com as áreas campestres. E, assim, as relações recíprocas de intercâmbio e conflito, o consorciamento e dissociação de plantas e animais e as modalidades das técnicas em um gênero e outro.

E interessa-lhe, também, traçar a análise dessas civilizações, suas culturas e gêneros de vida através dessas paisagens. A paisagem é para Vidal uma referência central nas análises da relação do homem com o meio ao redor dos gêneros de vida e das culturas. Daí advém o papel dos conceitos-chave de "áreas-laboratórios", "áreas anfíbias" e "oficinas de civilização", marcos de fundação para ele dos gêneros de vida e das mais complexas civilizações.

As paisagens relacionadas com a indústria (*relacionadas* com a indústria, não as industriais propriamente) são os temas de Reclus. Assim, vamos vê-lo comparar as paisagens das comunidades com as paisagens da sociedade feudal antes e capitalistas depois, confrontar a paisagem da grande propriedade capitalista com a da pequena propriedade familiar, a devastação ambiental de uma e a preservação da outra, descrever as paisagens interna e externa do espaço fabril, denunciar a paisagem de miséria das bairros operários nas cidade.

E, do mesmo modo que Vidal, interessa-lhe transformar o conhecimento dessas paisagens em categoria de análise das relações sociais que por meio delas se arrumam no jogo consorciado da indústria e da finança, o papel determinante da propriedade privada da terra sobre as paisagens agrárias, a força de coordenação mercantil das grandes cidades, o poder de controle da circulação e dos circuitos financeiros.

Já as paisagens naturais tecnicamente transformadas pela ação psicohistórica do trabalho são o tema de Brunhes. É então que o vemos detalhar a descrição de todos os ambientes de paisagem, mostrando a ubiquidade da paisagem ambientalmente construída-destruída, seja nas paisagens agrárias, minerais ou industriais, traçando para cada uma delas uma taxonomia e um quadro descritivo da arrumação espacial.

Só então, devolvida às relações do espaço destruído-construído, a paisagem aparece como uma categoria de análise das relações que expressa, como em Vidal de La Blache e Reclus. É quando se volta para o quadro de interações como casa-caminho-cidade, cidade-manchas de cultura/criação-circulação e cidade-região-estado.

Tanto Vidal quanto Reclus e mesmo Brunhes tomam as demais formas de paisagem como reforço de suas referências centrais.

A paisagem das habitações completa em Vidal o traçado da paisagem agrária. Cada ambiente rural se distingue e se caracteriza em Vidal de La Blache por abrigar um tipo de habitação relacionado com o meio geográfico em função dos materiais de construção que oferece, a casa de madeira nas áreas florestais, a casa de pedra nas áreas montanhosas e casa de adobe nas áreas de desertos. E as características da habitação determinam a visão de mundo do homem: as casas de pedra transmitem a noção da durabilidade e as de madeira, a de efemeridade, elaborando a metafísica do tempo. Em Reclus o tema é pouco analisado, voltando a ganhar atenção em Brunhes, mas para neste reforçar a análise do papel da casa e do caminho na constituição dos *habitats* e suas modalidades de arranjo espacial. A casa é para Brunhes o primeiro dado a chamar nossa atenção na paisagem. E sua dispersão ou concentração relaciona-se à presença e distribuição dos caminhos. O casamento da casa e do caminho dá origem à cidade. E é assim que surgem as formas do *habitat*. Esse desenho é uma preliminar de todo espaço para Brunhes.

Já a taxonomia das paisagens industriais não recebe maior tratamento analítico em Vidal de La Blache, preso à imagem de uma França rural. Vimos que em Reclus, ao contrário, a paisagem da indústria é o quadro de denúncia de uma Europa que precisa mudar. E que ganha em Brunhes o caráter do alerta para o cuidado a se ter com uma configuração aparentemente desordenada, dada pela natureza contraditória das forças modeladoras do espaço, que só a racionalidade é capaz de administrar.

A esse propósito, não se pode a rigor acusar Vidal de La Blache de um interesse na permanência em detrimento da mutação, numa comparação ao contrário com Reclus. Pode-se perceber, pelas partes anexas, sob o título de *Fragmentos*, que de Martonne põe ao final do *Princípios da geografia humana,* que Vidal conhece a força transformadora da indústria e da circulação. A análise das civilizações, a partir de suas origens, é o tema que toma sua atenção nesse livro, no intuito de analisar a influência da evolução das civilizações na distribuição atual das populações na superfície terrestre, e, assim, oferecer retroativamente as ilações tiradas como elementos teórico-metodológicos do estudo da forma, ocupação e organização humana (seu tema não é a distribuição da população, mas a do homem) da superfície terrestre, como um processo de relação homem-meio no tempo. Quando, porém, tem de tratar da indústria e da circulação, a exemplo das partes anexas, o olhar dinâmico sobre as configurações do espaço domina seus olhos. Não por acaso toma, então, como objeto de análise as paisagens geográficas dos Estados Unidos, por sua incessante mobilidade.

Em Reclus temos o inverso. São o surgimento e o desenvolvimento da indústria desde o começo o foco de sua atenção. E junto com ela a finança. Porque o que lhe interessa principalmente é a denúncia dos problemas sociais daí decorrentes. Por isso, interessa-o esclarecer o caráter do "sindicato da indústria e da finança", cuja presença afeta todas as relações numa escala internacional, e que tem na força das potências industriais seu principal centro de referência.

Mas é com Brunhes que as paisagens industriais formais vão aparecer. Por isso, seu olhar é mais espacial que o de Reclus. Brunhes localiza na relação da indústria com o carvão, de onde deriva sua atenção para o tema da energia, a força destrutivo-construtiva maior da paisagem. E, então, traça uma detalhada descrição da paisagem industrial, esmiuçando os detalhes da extração do carvão, sua relação com o visual enegrecido da cidade, sua influência na concentração das indústrias, numa admirável pintura da paisagem típica do espaço da primeira Revolução Industrial.

A circulação recebe uma atenção mais geral. Vidal de La Blache é enfático no papel dinâmico dos meios de transporte e de comunicação no modelado das paisagens e descreve a evolução técnica e essa modelagem desde as primeiras formas da circulação na história, mostrando sua importância desde quando a circulação se fazia através do uso do ombro do homem e do lombo dos animais até o advento da ferrovia. Em Reclus o foco é a circulação como elemento de controle e dominação do espaço, exemplificando com o uso dos correios e do ciclo da moeda como os circuitos se formam e interligam lugares e paisagens no mundo. Por fim, em Brunhes o foco é o seu papel na consorciação das casas e caminhos que levam à fundação dos *habitats* e cidades, e, então, a arrumação de conjunto do espaço.

A cidade culmina a fase dos complementos em Vidal de La Blache, Reclus e Brunhes. A cidade é analisada em sua relação com a arrumação das paisagens rurais e industriais, a redistribuição da população e a ação dos meios de circulação, em particular a cidade nascida das ferrovias e das áreas portuárias.

Nesse mister de reforçar com essas complementações a análise do foco paisagístico de sua referência, não escapam a Vidal, Reclus e Brunhes a superposição e entrecruzamentos dessas paisagens e o valor heurístico da taxonomia, mas seus métodos são ainda os da representação clássica, em que fazer ciência é reunir os fenômenos em grupos e ordens de classificação, para, então, descrevê-los. Daí o tratamento taxonômico às vezes exaustivo das formas de paisagem agrária, industrial ou ambiental adulterada, e ao menos da circulação e urbana. Mas, ainda assim, domina-os o intuito de perceber o tempo fluindo nas formas da paisagem com que descrevem o começo do desenvolvimento da indústria, a aceleração dos meios de circulação modernos, o papel articulador das cidades e a função reestruturadora da primeira Revolução Industrial.

Sorre é o realizador dessa análise no quadro de uma taxonomia mais ampla. A descrição e classificação das paisagens que faz reflete a transição acelerada da fase da primeira para a da segunda Revolução Industrial, que está ocorrendo justamente no seu tempo. E sua teoria de Geografia demonstra o estágio de maturidade que atinge a Geográfica clássica.

É com ele que a taxonomia da paisagem ganha um caráter mais analítico que descritivo. A paisagem agrária tanto quanto a industrial e a urbana aparecem todas igualmente nele em grandes quadros. Mas o seu interesse é a paisagem do ecúmeno e a sua natureza de escala ampla e complexa. É o ecúmeno o fundamento da paisagem, e a paisagem é a chave da compreensão do ecúmeno.

A paisagem agrária é um complexo de plantas e animais selecionados e combinados com o intuito de organizar em gêneros de vida o ecúmeno humano na terra. É, por isso, um conjunto de complexos alimentares, como a paisagem do milho, do trigo, do arroz e dos tubérculos e raízes cuja função é estabelecer as formas da dietética dos povos. Sorre retoma um tema caro, sobretudo a Vidal de La Blache.

A paisagem industrial é um complexo de abrangência e determinação mais amplas. Sorre analisa agora a evolução das técnicas industriais tão minuciosamente quanto Vidal de La Blache analisara a evolução das técnicas agrícolas. As metalurgias e os sintéticos do petróleo ganham especial atenção. Ao lado do estudo detalhado das formas de energia e de matérias-primas que substituem as da primeira Revolução Industrial. Com apoio nessa binaridade, a indústria envolve a paisagem das usinas hidrelétricas, campos de petróleo, circuitos da circulação da eletricidade e do petróleo, culturas e criações, o conjunto formando paisagens de complexos técnicos que se confundem com a dos grandes complexos de cidades quase que num passo. A escala da concentração técnica, das trocas industriais, dos meios de circulação (transportes, comunicações e redes de transmissão de energia), dos fluxos territoriais de bens e homens, traz consigo a grande cidade e lhe dá uma estrutura interna e externa de grande escala de complexidade. Sorre retoma dessa vez os temas caros a Brunhes e Reclus. E não há comparação dos termos respectivos de sociabilidade.

George e Tricart flagram o momento de esgotamento e falência dessa sociabilidade antevista por Brunhes e Reclus e descrita por Sorre. Mas para eles já não se trata mais de mapear e classificar as paisagens, mas analisá-las na referência dos efeitos incontroláveis que as assola no campo e na cidade. George centra seu foco na paisagem social da indústria. Já Tricart centra-o na paisagem ambiental. Reclus e Brunhes como que redivivos.

Em George a paisagem ganha o sentido reclusiano da historicidade. Há uma paisagem-expressão da evolução do tempo-espaço que ele usa para classificar as formas das sociedades (a sociedade substitui a categoria da civilização de Vidal de La Blache) na história. Assim, as vê evoluindo no sentido do rural para o urbano-industrial, em cujo decurso distinguem-se os modos socioespaciais de organização. As paisagens revelam as diferenças de mundo. Num primeiro plano, classifica-as, assim, em sociedades da "geografia da natureza sofrida" (sociedades ainda não espacialmente organizadas) e sociedades espacialmente organizadas. E num segundo plano, as segundas em sociedades espacialmente organizadas com dominante agrícola e sociedades espacialmente organizadas com dominante industrial. As acanhadas formas de existência humana das primeiras contrastam com as conflitivas e desigualadas das segundas.

Tricart é mais clássico que George no que toca à teoria e consideração formal das paisagens, quase numa reprodução do paralelo Brunhes-Reclus que vimos antes. Tricart classifica as paisagens pelo mesmo modo integrado dos clássicos, mas para encaminhar a forma teórico-prática que faltara a Brunhes. E cria a teoria de paisagem talvez mais formalizada que qualquer clássico tenha criado, à luz, porém, das teorias da integralidade de Vidal e da complexidade de Sorre.

O arranjo espacial

As paisagens são todas organizadas com base nos arranjos. Há, assim, por trás delas, arranjos espaciais, todos estruturados de localizações que garantem sua arquitetura e fisionomia. E isso é válido seja para a paisagem agrária, seja para a paisagem urbana.

O arranjo espacial é, assim, um dado-chave da compreensão da organização geográfica dos fenômenos para os clássicos. Toda leitura da paisagem começa pela remontagem do mapa do arranjo espacial dos seus componentes. A distribuição das localizações é a chave dessa cartografia de base. É elementar para todos os clássicos que ler geograficamente os fenômenos consiste, primeiramente, em localizá-los na superfície terrestre. Depois, em compor a rede da sua distribuição no espaço. O conjunto da distribuição das localizações dá no formato do arranjo. E o visual desse conjunto do arranjo é a paisagem.

Toda teoria de Brunhes consiste em mapear o movimento constante das redistribuições dos cheios e vazios das localizações no espaço, de modo a poder se obter seu quadro estrutural dinâmico. O que começa na leitura do arranjo. A leitura da paisagem se referencia nesse quadro e começa com ele pela descrição da localização das casas, segue pela descrição da localização dos caminhos e se completa na descrição da localização das manchas de cultivos e criação. Só depois se pode iniciar a leitura dos deslocamentos que vão identificar o espaço como um espaço em movimento. O resultado é o conhecimento dos *habitats*.

Sorre faz o mesmo procedimento, mas para o fim do conhecimento do ecúmeno. Sua categoria central é a complexidade, à qual se chega através da paciente reconstituição do traçado do processo de montagem e remontagem dos arranjos do espaço no tempo. Todo fenômeno geográfico é o que é por sua localização, dado o forte entrelaçamento dessa localização com a relação que o homem estabelece com o meio natural no planeta. O dado natural é distinto um do outro por sua localização na superfície terrestre. De modo que o complexo começa no detalhe simples da localização, que cresce no sentido das interações espaciais dos fenômenos e culmina na constituição estrutural e visual das paisagens. Do contrário, não se lograria compreender a ecologia do ecúmeno e o ecúmeno como ecologia. E o todo como um complexo.

Há uma visão coincidente de Brunhes e Sorre que é em si decorrência do modelo teórico que vem de Vidal de La Blache. Para Vidal a leitura geográfica consiste na constituição do mapa da distribuição dos homens na superfície terrestre. Um fato eivado de história que leva o geógrafo a ter de buscar suas raízes no movimento da remodelação progressiva e acumulativa do arranjo espacial dos meios locais, do acúmulo das experiências do homem na lida com seus elementos compósitos, do enraizamento territorial nos pedaços de chão do planeta, e, assim, da reconstituição do modo de arranjo espacial das civilizações, desde as "áreas-laboratórios" do passado até a forma atual de ocupação da superfície terrestre. Difícil não ver aí o sentido cartográfico que é apanágio do discurso teórico de Brunhes. E o sentido de um complexo ecumênico do espaço do homem de Sorre.

É aparentemente mais fluido o discurso de Reclus, até dado seu interesse de antes de tudo visualizar o caminhar da evolução humana como processo a um só tempo histórico e geográfico, em que a linha do tempo se sobrepõe aos arranjos do espaço, e estes se volatizam sob nosso olhar permanentemente. Todavia, o espaço é mais que um momento de parada do fluxo do tempo na perspectiva da história, por ser um dado necessário da organização que aqui se faz para rapidamente desfazer-se frente à forma de organização espacial nova que surge ao longe. E é na medida do arranjo do espaço que as relações se fazem, o processo constitutivo da sociedade humana se concretiza e na conformidade do qual as contradições se instituem e se agitam. Por isso, é em Reclus que o mapa geográfico das ações mais necessário se torna, porque possível só na inteireza da visibilidade do quadro dos arranjos na superfície do planeta, sob o preço de não poder perceber e resolver nada.

George é o grande estuário dessa forma de leitura de Geografia. E a razão por que aparece na história do pensamento geográfico como o teórico do arranjo do espaço. Para ele, é o arranjo espacial que dá cara geográfica à organização dos fenômenos. Talvez por isso é que em George a teoria geográfica cuida de antes de mais nada localizar o fato em estudo. Só depois categorias do concreto como sociedade e meio aparecem, ganhando caráter geográfico à medida que, por intermédio do arranjo do espaço, se geografizam.

Esse é o sentido que também vemos em Tricart. O meio é antes de tudo meio geográfico. Sem o que ele não existe com consistência e realidade.

E a escala espacial é a condição desse fato. Em Tricart o arranjo é, assim, um elemento estrutural, não estruturante, como o é em George. Mas é a condição sem a qual o meio não se constitui como complexidade, numa analogia como o conceito do ecúmeno de Sorre. É através do arranjo que a interação espacial se estrutura e se realiza. E, assim, o meio institui-se como uma cadeia de relações no entrecortado das paisagens da superfície terrestre.

E também é o motivo que faz do conceito de diferenciação de áreas de Hartshorne/Hettner algo de sentido tão revolucionário. Para Hartshorne a diferença comporta tanto o viés horizontal do conceito do arranjo de George quanto o vertical do conceito de hierarquia espacial dos meios de Tricart, aparecendo como escala na sua riqueza geográfica mais plena.

A técnica, o meio e o espaço

A técnica é o elo portador da ação geográfica. Se o arranjo do espaço é a condição da cara geográfica do fenômeno, a técnica é a condição praxiológica da criação do arranjo. De modo que assim se colam paisagem, arranjo e técnica, na ordem do visível para a gênese: a técnica viabiliza a montagem do arranjo, e este responde pela formação da paisagem.

Entendida como componente orgânica no conceito do gênero de vida e como mediação da relação do homem com o meio no conceito de sociedade, numa mudança radical de entendimento entre o tempo de Vidal e de George, seja como for, é com ela e através dela que o homem modela a paisagem e transforma o meio em espaço socialmente organizado.

Daí o tratamento quase etnográfico que ela recebe na maioria dos clássicos. Vidal de La Blache, a cada vez que entra num novo tema e apresenta o tipo de técnica que lhe é correspondente, faz um minucioso estudo de sua evolução histórica e uma detalhada descrição de seu perfil e desenho. E Sorre cuida, por sua vez, de ampliar-lhe as características. Um e outro, por isso, pouco se detêm na discriminação da relação de ação da técnica na transformação do meio ou na descrição da construção do espaço propriamente. Dessa tarefa vão se incumbir principalmente Brunhes, George e Tricart.

As técnicas agrícolas e dos transportes e comunicações são a ênfase de Vidal de La Blache. A descrição das experiências das "áreas-laboratórios" e das "áreas anfíbias" é eivada de esmiuçamentos das técnicas de domesticação e aclimatação. A descoberta do fogo é compreendida como tendo um significado sobretudo de pressuposto do nascimento da técnica, Vidal direcionando seu estudo para o nascimento da agricultura e do pastoreio, do artesanato industrial e dos meios de defesa militar dos territórios. As ferramentas do gênero de vida agrícola e os utensílios do gênero de vida pastoril são analisados por ele com minudências. E tem-se, assim, uma amostra do método de Vidal de fazer coincidir a história das técnicas com a história do tema que está investigando, no caso a história das técnicas agrícolas e a história da agricultura e do pastoreio. Recurso que Vidal usará mais para frente com a narrativa da história dos meios e das vias de comunicações e transportes. Aqui a vez é dos meios de locomoção. Para cada tipo de via Vidal descreve em detalhe a forma, o desenho e o funcionamento do meio de circulação correspondente, do ombro ao caminhão na rodovia, do vagão de transporte de carvão na mina ao trem na ferrovia e do barco ao navio na hidrovia.

Uma vez que sempre remete o tipo de técnica ao meio geográfico correspondente, fazendo-o sempre dentro do gênero de vida, Vidal frequentemente analisa as mudanças do meio e as formas de relação que o homem com ele está vivendo na interação com a evolução da técnica. É assim quando trata das formas de espaço geográfico dos Estados Unidos, mostrando sua relação com a intervenção combinada da cidade e da ferrovia. Por isso, as grandes paisagens da geografia norte-americana, como numa antecipação do que logo a seguir será no cinema, brotam cheias de organização e de vida ao longo dos eixos das ferrovias nas páginas de Vidal.

Sorre é igualmente atento à evolução e às relações técnicas de interação com os espaços e paisagens. A sucessão das formas de ferramentas desde o pau escavador dos gêneros agrícolas primevos ao trator que arroteia e lavra a terra nos espaços agrícolas modernos é minuciosa e extensamente descrita e analisada. É um exemplo de descrição e análise seu estudo da associação da técnica com os regimes alimentares e os complexos agrícolas. As técnicas das vias de circulação são enriquecidas pela descrição histórica e detalhista das técnicas das comunicações. Tem-se toda clareza do significado espacial do aparecimento do caminhão e do telefone, do automóvel e da televisão no lançamento das formas de sociabilidade moderna.

Mas, ao contrário de Vidal, é para a técnica moderna, no caso, a indústria, que Sorre aponta em relação ao poder de ação da técnica sobre o meio ambiente, a paisagem e o espaço. E, também aqui, num misto de narrativa histórica e de reconhecimento do papel de construtor geográfico da técnica. É às vezes perfeccionista na descrição que faz dos ramos de indústria, seu aparecimento, desenvolvimento e as modalidades de produtos que oferece, a exemplo do ramo químico e dos sintéticos. E da força do poder modelador do espaço que com eles aparece. Poder que se revela no estudo precioso que Sorre faz dos efeitos da técnica industrial sobre o meio ambiente, as paisagens e a organização dos espaços, como na análise do surgimento do petróleo e da eletricidade como formas de energia que superam a era do carvão. E o mesmo detalhamento analítico faz do vínculo das formas novas de energia com as formas novas de comunicação e transporte, sobretudo por seu efeito de escala.

Em Brunhes o enfoque da técnica é o da relação por excelência contraditória desta com o espaço. Brunhes constrói sua teoria essencialmente na linha da concepção da técnica como agente de destruição-construção do espaço. Revela-o alterador do meio ambiente e ao tempo que criador do espaço. Com ele está nascendo efetivamente na Geografia a tradição de se ver espaço, meio e técnica como elementos de interação, a técnica sendo concebida teoricamente como a agenciadora da construção dos espaços e os espaços nascendo e transformando o meio nessa relação de ação seminal da técnica. E está também nascendo a concepção da desarrumação do meio ambiente e das paisagens como um problema ao mesmo tempo que como um dado congênito da criação dos espaços. Para ele a ação ambiental da técnica não constitui um problema. Nem é em si um problema o processo de destruição-construção que acompanha a constituição do espaço. Há que se considerar o "sentido da direção" que a informa, isto é, o sentido do trabalho, acrescenta.

George é o continuador dessa tradição da relação técnica-espaço aberta por Brunhes (assim como Tricart o é da relação técnica-meio ambiente). Sua obra *La era de las técnicas: construcciones o destrucciones?*, de 1989, chega a repetir no seu título as categorias da teoria geográfica de Brunhes. Mas George dá um sentido social e subsistencial ao trabalho. O trabalho é para ele a mediação da relação do homem com o meio. Uma relação por sua vez mediada pela técnica.

Dá-se, assim, com George, a ruptura radical da ténica como elo orgânico da forma de organização societária presente no conceito do gênero de vida de Vidal de La Blache e visto ainda com esse formato por Brunhes, embora com este já a caminho da ruptura que ocorrerá com George. Em parte isso ocorre com George em decorrência da troca que ele faz da categoria do gênero de vida pela da sociedade enquanto categoria essencial e nocional do seu discurso geográfico. E em parte pelo padrão de relação técnica que vê surgir em seu tempo com o meio e a paisagem que a indústria então estabelece. O deslocamento de nível "do espaço especializado para o espaço globalizado" que a indústria moderna, a indústria da fase da segunda Revolução Industrial, realiza, deslocando sua ação do nível do espaço local para o do espaço global como escala de organização geográfica da sociedade, é para ele a razão maior disso.

É com George que nasce na Geografia o conceito do espaço como produto da história. Fato que se dá segundo cada era técnica. De resto uma teoria anunciada por vários de seus contemporâneos, como François Perroux, com quem divide as honras do compartilhamento.

Tricart é o continuador, por sua vez, da relação técnica-meio ambiente de Brunhes, em muitos casos desconsiderada por George no seu afã de abrigar a Geografia na definição de ciência da organização do espaço pelo homem, em que a relação social é realçada e a relação ambiental fica apenas subentendida. O que em George é subentendido, em Tricart emerge, entretanto, com todo o realce. A técnica é o vetor transformador do meio e das paisagens por excelência. E o faz numa proporção de escala espacial crescente. Esse é o segredo do conhecimento e da relação racional do homem com o meio.

Não há, pois, como dispensar o conhecimento da relação da técnica através de sua relação com o espaço das considerações do meio ambiente. E o geógrafo o pode muito menos (a Geomorfologia nasce justamente das preocupações surgidas no ambiente da Agronomia com a destruição dos solos nos diferentes sistemas agrícolas, observa). E a esse desafio há que se responder com a arma afiada da visão integrada.

O eixo estruturante

Mas que relação está por trás de todo o processo geográfico, perguntam e respondem os clássicos: o duplo da relação que o homem em sociedade estabelece de um lado com a natureza e de outro com o espaço. Um fio condutor das ações que ora se exprime como primado da relação sociedade-natureza (homem-meio), ora como da relação sociedade-espaço (homem-espaço). E que tem o homem como o ponto comum.

Essa é a concepção de essência que podemos deduzir das teorias dos clássicos desde Reclus até George. O ponto de inflexão é Sorre. Até ele há um primado da relação sociedade-natureza. Após ele o primado se desloca para a relação sociedade-espaço. Digamos que Hartshorne pressente a virada e põe o tema em debate.

Vidal de La Blache é transparente na sua teoria. Seu conceito de civilização vem de uma relação histórica direta da relação do homem com o meio. A civilização nasce centrada na relação sociedade-natureza. Todavia, esta é uma relação orientada na contingência, o que traz a efetividade da sua realização para o plano da relação sociedade-espaço. O primado é assim da relação sociedade-natureza, mas que deve realizar-se como relação sociedade-espaço.

Vidal compreende a contingência (que é no fundo a noção do livre arbítrio da Bíblia transportada para a Geografia) como a capacidade de livre escolha da forma de relacionar-se com o meio que o homem porta naturalmente consigo mesmo. Donde deduz haver diferentes caminhos possíveis da relação resolver-se como modos de vida. A possibilidade (que Febvre traduz por possibilismo) é o dado da transfiguração da natureza em espaço.

A contingência é o conceito que Vidal põe no âmago do gênero de vida, em que atua de um lado como força criativa e de outro como força conservadora, uma oposição que põe o gênero de vida em movimento. A síntese desse duplo são os hábitos e costumes. De um lado hábitos e costumes são o produto da relação criativa do homem com o meio. É o lado da força criativa. De outro são o conjunto das regras e normas que vêm para regulá-lo nessa relação. É o lado da força conservadora. E nessa duplicidade ontológica firmam o convívio como coabitação humana. A coabitação é espaço.

A relação de reciprocidade dos eixos sociedade-natureza e sociedade-espaço é, assim, para Vidal, a diretriz que empurra o homem no ato de fazer geografia. Isto é, construir seu mundo como cultura e civilização. Tudo começa com a descoberta do fogo. E a invenção da agricultura. E sabemos que o resultado é a invenção do território, através a sedentarização. Vidal descreve o processo. O ponto de partida na história é a experiência das "áreas-laboratórios". É nas áreas de média altitude e mais secas das regiões montanhosas que o homem começa sua evolução civilizatória. Reunidos em grupos nessas áreas mais pobres, porém mais protegidas, onde evita as "áreas anfíbias" localizadas à margem dos rios no fundo dos vales, pródigas em recursos em alimentos e água, contudo por isso mesmo mais frequentadas por animais de grande porte, aprende a lidar, numa experiência de ensaio e erro, através da domesticação de espécies de plantas e animais selvagens, com o meio, e com base nessa experiência cria e organiza seus gêneros e modos de vida, trocando frequentemente de lugares. A troca de um local por outro de condições ambientais semelhantes ajuda-o a aperfeiçoar a experiência da domesticação através da prática da aclimatação das mesmas espécies, num acúmulo de habilidade relacional que logo materializa nas primeiras formas de artefatos técnicos baseados no manejo da pedra, da madeira e materiais igualmente dúteis encontrados no próprio meio, que a descoberta do controle do fogo leva a evoluir a partir do uso dos metais, assim se iniciando a prática da recriação do todo natural que o conduz a transformar num meio geográfico.

O meio geográfico é o produto dessa relação da contingência e ao mesmo tempo a forma como a relação sociedade-natureza é transformada numa relação sociedade-espaço. As habitações, as áreas de culturas e de criação, os caminhos e meios de locomoção e as primeiras relações de intercâmbio entre os povos são os elementos da paisagem com que nasce e se estrutura o espaço, um todo amalgamado no tipo de gênero de vida em que a experiência humana se materializa numa forma sociotécnica de organização.

Dessas "áreas-laboratórios" os grupos humanos descem para enfrentar as áreas de planícies, de horizonte mais promissor, porém mais exigentes em domínio de habilidade de relação com o meio, deslocando-se para se fixar nas "áreas anfíbias". Nessas novas áreas tudo é inverso às primeiras, mas o homem chega mais preparado, experimentado e conhecedor do caminho de conversão do meio natural em meio geográfico e constituir gêneros e modos de vida. Há que aprender a controlar o excesso d'água, drenar, controlar e transformar os pântanos em terra firme, e há que aprender a orientar a multiplicação das espécies em condições de solos férteis, aprendendo a organizar a agricultura sob novas técnicas agronômicas; há, dessa forma, que implantar uma nova forma de *habitat*, assim nascendo dessas "oficinas de civilização" que são as "áreas-laboratórios" e as "áreas anfíbias" os grandes espaços que vão sedimentar em todos os cantos da terra as formas de civilização, e com elas a distribuição do povoamento que ainda hoje conhecemos, com seus centros de densidade e dispersão populacional, domínios dos cultivos, cidades, caminhos e pontos de trocas.

A sociedade e o espaço surgem, pois, da forma de relação que aquela estabelece com a natureza como um ato simultâneo de organização, a relação sociedade-espaço materializando através das formas da distribuição, da territorialização e da paisagem o eixo central da relação sociedade-natureza.

Vidal de La Blache é insistente no caráter central da transfiguração e interação das relações sociedade-natureza e sociedade-espaço como eixo da Geografia, caracterizando seu movimento como o tema da ocupação do geógrafo. Desce a detalhes de teorização dessa afirmação e do que entende por relação homem-meio no longo e belo texto introdutório do *Princípios de geografia humana*, mas ao mesmo tempo considera desnecessário cuidar dos conceitos – do homem, do meio, da paisagem, do gênero de vida e da civilização e mesmo do sentido da coabitação e da contingência, centrais no seu discurso –, bastando-lhe a clarificação de por onde passa a seu ver o eixo do olhar geográfico.

Elisée Reclus de certo modo compartilha dessa noção da relação sociedade-natureza como eixo. Mas seu olhar se concentra em flagrá-lo num foco diferente. Daí o papel diferente que o espaço vai ocupar no seu discurso. A relação sociedade-natureza é o plano processual da ação geográfica do homem porque é conhecendo a natureza que o homem conhece-se a si mesmo ("o homem é a natureza adquirindo consciência de si próprio"). Todavia, essa consciência vem do ato da construção da história por meio da construção do espaço, a relação sociedade-natureza se realizando e revelando o homem a si mesmo através da relação sociedade-espaço.

Daí é que se desenrola o todo da história nas sociedades divididas em classes, em que a relação sociedade-natureza se realiza nos termos contraditórios de espaço e contraespaço, visível particularmente na passagem da idade feudal para a idade capitalista moderna. As áreas de difícil acesso natural em geral são as escolhidas pelas comunidades em conflito com a ordem feudal. Isso explica muitas das sobrevivências de formas de vida comunitária quando o capitalismo se implanta, ocupando os espaços feudais para neles instalar a ordem social nova.

Durante todo o período em que perdura o feudalismo são ainda o tamanho da população e as condições fisiográficas que constituem o essencial das forças produtivas, a relação homem-meio e a organização do espaço obedecendo e se configurando nesse horizonte. O espaço organiza a relação sociedade-natureza feudal nos limites desses parâmetros, engendrando um arranjo de poucos efeitos socioambientais não controláveis. As formas societárias do capitalismo alteram esse quadro. De um lado com a instituição da propriedade privada burguesa. De outro com a introdução da tecnologia da alta indústria. Em ambos os lados, com a entrada em cena da relação de troca e do lucro. A cidade, sede do mercado e da organização das trocas, é a cabeça da constituição da ordem espacial mercantil que o capitalismo vai implantando como nova forma de relação sociedade-natureza. À frente e por trás da cidade está o Estado. E por trás do Estado, o capital.

O modo como Reclus vê o processo histórico é *sui generis*. O nascimento do Estado agrega os espaços dos feudos num só e dá início à configuração do espaço dividido nos territórios nacionais, com a cidade como polo integrador do conjunto do território nacional. Por sua vez, a relação entre os Estados dá um novo desenho à divisão do espaço interno dos continentes, a começar da Europa, cujo centro de gravidade é levado a deslocar-se do sudoeste (região oriental do Mediterrâneo) para o noroeste (região do mar do Norte), deslocando-se o eixo da relação da vida no continente do mar Mediterrâneo para o oceano Atlântico norte, após rápida passagem pelo Mediterrâneo ocidental (península Ibérica).

Um deslocamento paralelo ocorre na forma de representação simbólica do mundo. E esta vem como efeito das grandes navegações e descobertas. Esses acontecimentos ampliam a noção de mundo dos europeus para além do mundo conhecido, levando-os a uma percepção de espaço, tempo e natureza consoante com o novo horizonte de conhecimento. A dimensão humana então se modifica nessa nova dimensão de mundo, recriando-se, assim, a própria autocompreensão do homem, tudo isso dando numa nova cosmologia.

Brunhes igualmente se referencia nessa reciprocidade de relação dos eixos sociedade-natureza e sociedade-espaço. Mas sua ponte é explicitamente o trabalho como um fato psico-histórico.

Para ele são as forças de caráter mais amplo da relação sociedade-natureza o fundamento locacional da relação sociedade-espaço, assim se determinando e se definindo para Brunhes os termos do *habitat* humano, por ele entendido como o tema da Geografia. E é sobre a base da etnografia do *habitat* que a condição geográfica mais ampla do homem se explicita. Reclus e Brunhes se encontram aqui nessa ideia de que é do cotidiano do espaço que os homens adquirem o significado da relação sociedade-natureza e por intermédio desse movimento de escala o homem se autocompreende, em Reclus como natureza autoconsciente e em Brunhes como consciência psico-histórica.

É no plano da constituição do *habitat* que a ação contrária da força louca do Sol e sábia da Terra se manifesta e estas se revelam, respectivamente, como forças de desordem e ordem, e agem, como forças unificadas de construção-destruição do espaço, a constituição espacial do *habitat* expressando a combinação desses planos de tensão.

Daí que em Brunhes a desordem ambiental ande de par-em-par com a ordem espacial, os eixos sociedade-espaço e sociedade-natureza aparecendo como faces recíprocas de uma mesma moeda: o caráter destrutivo-construtivo do trabalho e, assim, ordenado-desordenado da condição geográfica do homem. E é o "sentido de direção", conceito extraído do filósofo Henri Bergson, materializado em Brunhes no trabalho, a força psico-histórica que está na raiz do movimento, orientando o processo da construção espacial das sociedades como um ato de ação humana. Razão porque é a relação sociedade-espaço que conduz à realização histórico-concreta da essência psico-histórica contida na relação sociedade-natureza, e não o contrário.

Se no processo de constituição do espaço constrói-se destruindo e destrói-se construindo, diz Brunhes, o balanço dos resultados nem sempre é o mesmo nos gêneros de vida na história humana. O nomadismo é um exemplo de gênero de vida que destrói para construir, sem que o resultado seja a eliminação do meio. A forma da ocupação do espaço e a transformação que essa ocupação impõe ao meio se equilibram perfeitamente. A "devastação caracterizada", forma como Brunhes designa a dialética da construção-destruição dos tempos modernos, é uma prática contemporânea, espacialmente relacionada ao fato da colonização e ao desenvolvimento da técnica industrial. E o melhor exemplo é o arranjo espacial centrado na dependência da hulha, que deu origem às paisagens industriais típicas da fase da primeira Revolução Industrial, em que "tudo é anormal quanto às condições de vida".

Sorre, por sua vez, vive o tempo em que o desenvolvimento tecnológico da indústria e da circulação e o desenvolvimento das trocas, reciprocamente impulsionados, alteram os termos da relação da sociedade, seja com a natureza, seja com o espaço, com a natureza ao estabelecer a especialização produtiva e com o espaço ao dar à localização o caráter relacional de posição geográfica, operando em consequência um deslocamento no caráter e na forma da interação entre os lugares na relação recíproca dos eixos. Isso significa pelo lado do eixo sociedade-natureza um relacionamento do homem não mais com o meio local, como é próprio dos gêneros de vida do passado, mas aquele realizado apenas com alguns de seus níveis de estrutura, à exemplo das relações edáficas das plantas. E pelo lado do eixo sociedade-espaço, um relacionamento determinado pelo contato interacional que o local passa a ter com os demais locais por conta de sua localização geográfica relativa.

Sorre vê na ação da técnica a presença da ciência enquanto expressão da inteligência. Desde a configuração axial oriunda da seleção das plantas que transformam as paisagens naturais em paisagens associadas até a configuração originada da ação técnica da indústria, o que Sorre vê é o ato mediante o qual a inteligência "espiritualiza o universo". E a ação espacial da indústria é a forma desenvolvida dessa "espiritualização".

O fato é que a técnica industrial propicia a geração da divisão territorial do trabalho e das trocas que substitui, com a lógica mercantil dos lugares especializados e interdependentes, o arranjo espacial das civilizações, mudando inteiramente o modo de o homem relacionar-se de um lado com a natureza e de outro com o espaço, eixos que antes eram definidos pela integralidade das relações, e agora não mais.

Sorre percebe o efeito teórico dessas mudanças nos parâmetros da Geografia clássica centrada no conceito de gênero de vida e seus meios típicos de subsistência, buscando redefinir e atualizar o conceito para o quadro de relações da realidade industrial através da redefinição da Geografia como ciência do ecúmeno, um enfoque centrado na Ecologia (donde ser ela uma Geografia da Ecologia), na qual revela a forte influência que recebe da Escola de Ecologia Humana de Chicago.

A atualidade teórica do conceito de gênero de vida é, por sinal, o tema de sua geração. E Sorre destaca-se pela sua defesa mesmo numa era de grandes transformações, buscando, junto a André Cholley, Roger Dion e Daniel Faucher, contra Jean Gottmann, Maurice Le Lannou e Pierre Gourou, reafirmar, mediante a reformulação dos parâmetros de Vidal de La Blache, sua importância e centralidade analítica, esta defesa marcando decisivamente a estrutura teórica da matriz geográfica que está criando. Por isso, sua obra representa o auge, ao mesmo tempo que o começo de reformulação da Geografia vidaliana.

A relação sociedade-natureza é por isso o eixo quase exclusivo do seu discurso ecológico de Geografia, embora ele antecipe com esse discurso o advento da hegemonia do eixo sociedade-espaço através da rede dos complexos.

A rigor, Sorre está introduzindo a escala, na forma da rede dos complexos, como a categoria central do discurso da Geografia, embora buscando vê-la segundo seu conceito de ecúmeno, enquanto uma superposição de níveis de complexos, isto é, uma sequência de níveis de abrangência de fenômenos erguidos desde a base nos regimes alimentares até o topo com as concentrações industrial-urbanas.

No fundo, é Sorre buscando acomodar a geografia dos gêneros de vida à geografia dos espaços urbano-industriais, incrustando o mosaico das paisagens dos complexos de regimes alimentares dentro do quadro abrangente da divisão territorial do trabalho e das trocas industriais, ao tempo que reversivamente vê as paisagens do espaço industrial moderno arrumarem-se dentro do arranjo espacial diferenciado dos complexos alimentares.

Isso embora ele mesmo se veja em presença da dissolução dos hábitos alimentares do passado por uma prática de dietética cada vez mais assimilada ao consumo urbano, em escala de mundo. Brunhes já havia observado essa tendência na descrição que faz dos arranjos dos plantios de verduras e legumes que o desenvolvimento da economia de mercado industrial-urbano está introduzindo na França do começo do século XX. E Sorre o confirma agora em termos de mundo.

Daí que Sorre se dedique a uma detalhada análise da transformação do espaço agrário dos gêneros rurais de vida do passado nos espaços agrícolas e pecuários industrial-mercantis do presente, e nessa análise já incorpore o novo modo teórico de tratamento das relações agrárias, introduzido, entre outros, por Daniel Faucher, que, ao lado de Chardonet, com a Geografia Industrial, Blanchardt, com Geografia Urbana, e Demangeon, com a Grografia Econômica, está dando origem à Geografia Agrária, todos vindos na linha do historicismo de Vidal de La Blache. A combinação entre os eixos se fazendo, assim, dentro desse entendimento de acomodação das novas e velhas estruturas de espaço.

George é a expressão da relação sociedade-espaço nascida do gênero de vida urbano-industrial. Daí que substitua a categoria de referência da taxonomia e temas de seus mestres, trocando os gêneros de vida pela categoria da sociedade, e institua como referência da taxonomia as estruturas da história.

Sua categoria teórica é por excelência o espaço, que lê através dos seus arranjos. Ora, o arranjo é um foco do olhar que privilegia a análise da organização do espaço a partir da posição geográfica das localizações. Isso significando que George não só funda a Geografia na relação sociedade-espaço, mas também a redefina conceitualmente.

A relação sociedade-natureza não desaparece aí completamente. Acompanha o conceito de natureza de George, em que esta fica reduzida num plano, o da evolução histórica das formas de organização espacial das sociedades, a uma condição de resíduo na história e, num outro, o da sua presença estrutural na evolução espacial, à condição de uma natureza transformada em fundo de reserva de subsistência. Em outros termos, a um caráter de dispensa de meios de onde os homens retiram os elementos de vida. E seu peso na relação homem-meio passa a ser inversamente proporcional ao desenvolvimento da técnica, numa reversão do grau de presença que cai de dominante, nos modos de organização social do passado (as sociedades da "geografia natural sofrida"), a dominada, nos modos de organização social urbano-industrial do presente (as sociedades de espaço organizado com dominante industrial).

A divisão territorial do trabalho e das trocas industriais é, para George, a arquitetura do arranjo espacial da relação sociedade-natureza, e a ela George dedica detalhada atenção. Ao arrumar a organização do espaço desde essa sua estrutura mais íntima, a divisão industrial do trabalho e das trocas leva a relação homem-meio, uma relação locacionalmente determinada, a ser determinada a partir de fora, uma vez que é a posição correlativa das localizações dentro da ossatura do arranjo espacial da divisão territorial do trabalho e das trocas a referência estrutural e dinâmica da organização espacial que recebe. O que significa dizer que para George a relação homem-meio se torna um fato espacial por intermédio da situação geográfica.

Brunhes já antevira esse deslocamento de determinação axial ao dar às relações espaciais um tratamento etnográfico, introduzindo no estudo do gênero de vida o enfoque estrutural que faltara a Vidal de La Blache. Poucas vezes Vidal dedica-se a analisar em detalhes o *modus operandi* interno do gênero de vida, bastando para ele ocupar-se com o fato de ver o gênero de vida em sua relação com o meio geográfico circundante, concebendo o gênero de vida mais como uma categoria da explicação do todo e interpretando-o mais por seu valor sistêmico nas civilizações que intraestruturalmente. Por isso Brunhes pode perceber com seu enfoque etnográfico o peso das relações de troca industriais na envolvência dos gêneros e modos de vida e enfatizar o seu sentido espacial. Mas a busca enfática de Sorre de preservar o valor analítico do gênero de vida pouco permite a seus contemporâneos perceber que é para o sentido do espaço o rumo da mudança, embora já se possa notar no seu ato de introduzir na sua teoria geográfica o enfoque ecológico um enfoque de relação sociedade-natureza, um viés de relação sociedade-espaço, passando assim a ver a relação sociedade-natureza num sentido de uma interação espacial, a exemplo de como analisa o complexo noológico da mosca do sono, visto como um fluxo de vetores espaciais, um exemplo, por sinal, tirado de Vidal de La Blache, e já uma indicação de que ele mesmo está deslocando seu olhar relacional para o eixo do espaço.

Mas o avanço do deslocamento da relação sociedade-natureza para o enfoque das interações espaciais trazido pelo desenvolvimento da produção e troca industriais é percebido sobretudo por George, que transforma o espaço na base da sua teoria de Geografia, e por isso a relação sociedade-espaço em seu eixo de análise.

O que para ele provoca essa mudança é o próprio caráter interespacial das relações estruturais da indústria. E é a indústria, pensa ele, o fato que transforma a localização numa relação posicional dentro do arranjo espacial, em que a localização adquire o valor dado pela sua situação geográfica. Exatamente como acontece no espaço industrial com a localização da indústria. A indústria é um tipo de atividade caracterizada pela dupla natureza de ser uma atividade de transformação e de interação. A primeira característica a situa no eixo da relação sociedade-natureza; a segunda, no eixo da relação sociedade-espaço. A primeira identifica-a como uma espécie de gênero de vida do passado; a segunda, como um aspecto estrutural-chave da sociedade moderna. A primeira estabelece a relação industrial como uma relação de cunho local; a segunda, como uma relação de interação entre diferentes locais.

A indústria dá, assim, um sentido diferente seja às relações do eixo sociedade-natureza, seja às relações do eixo sociedade-espaço, e, sobretudo, às relações entre os eixos, ao fazer da interação espacial a própria essência da organização total das formas de relação, através do seu modo de arranjo de espaço. Uma indústria, diz George, depende de um lado da oferta de matérias-primas e de outro do acesso a mercados de consumo de seus produtos, estabelecendo assim uma rede de relações de montante com os seus fornecedores e de jusante com os seus consumidores, numa forma de arranjo espacial interacional desde o ato de transformação da matéria-prima *in loco* até o plano da relação local-local. Cada ponto locacional do arranjo segue, pois, a lógica dessa relação solidária, as localizações valendo por suas posições dentro do movimento desse tabuleiro de xadrez.

Foi essa duplicidade do caráter relacional da indústria que viu George e que o levou a encarar a localização sob o conceito de posição. Ao retirar da categoria da localização o puro e simples sentido locacional dos gêneros de vida e lhe dar o sentido estratégico de posição geográfica, onde o que dá o valor a cada localização é o valor que lhe é dado pelo grau de intensidade das relações que vive e mantém com as outras localizações dentro do sistema de distribuição (o arranjo espacial) de que faz parte, a relação industrial lhe dá um novo caráter. É assim com a localização do estabelecimento industrial. A própria localização da indústria valendo por seu valor posicional.

Daí a importância que a categoria do arranjo assume nas descrições e nas análises espaciais em George. Toda descrição é uma descrição dos arranjos. O que faz do arranjo espacial uma categoria metodológica chave.

A vinculação das trocas industriais com as escalas de mercado e os circuitos da circulação, ao levar as interações espaciais da indústria a um horizonte de alcance infinito e com isto potencializando sob a forma relacional da posição geográfica a infinidade das localizações, transfere a escala e características das relações do eixo sociedade-natureza para o interior do eixo sociedade-espaço, mudando as propriedades a dinâmica interna e externa daquele eixo em função deste e determinando uma nova forma de interação entre estes eixos. E é isto que George está efetivamente vendo.

Tricart não desconhece essa mudança das características das configurações axiais. Contemporâneo de George e como este também filiado à Filosofia do materialismo histórico, tem uma compreensão teórica igualmente larga do que está acontecendo. Mas, à diferença de George, percebe a inconveniência de centrar-se a Geografia em apenas um dos eixos e busca encontrar um ponto de equilíbrio na relação entre eles. Sua própria trajetória serve-lhe de ilustração.

O eixo de Tricart é a relação sociedade-natureza, cujo fio condutor é a ação do homem/seres vivos de transformar o meio físico em meio geográfico. A interação entre os elementos heterogêneos do meio e a sua integração num meio geográfico se faz, porém, para Tricart, numa escala de níveis hierárquicos de abrangência do recorte territorial do espaço, o que faz o eixo da relação sociedade-natureza interagir e resolver-se nos termos da relação sociedade-espaço. É uma solução teórica que faz lembrar a dos níveis de superposição dos complexos de Sorre, com a diferença de que em Tricart as relações são entre níveis de embutimento. E faz lembrar também a teoria dos fluxos de interações espaciais de George, que neste se dá entre localizações e em Tricart entre e dentro da armadura da escala dos níveis de embutimento. A escala, não a posição, é a categoria de referência de Tricart.

É um outro modo de ver a relação sociedade-natureza, a relação sociedade-espaço e a interação entre estes eixos que Tricart está introduzindo, inovando em relação a Sorre e a George, e assim também em relação à teoria vidaliana de organização geográfica da realidade. E que o aproxima de muitas das teorias modernas, a exemplo da Teoria Gaia.

Mas é o homem a chave da conexão dos eixos e das relações em Tricart. Elo comum a ambos os eixos, presente tanto nas relações do eixo sociedade-natureza quanto nas relações do eixo sociedade-espaço, ele é o ser vivo que faz a diferença e dá rumo e direção às interações que transformam o meio físico em meio geográfico. E o faz movido pelo quadro de conflitos de interesses e segundo a visão cultural que carrega consigo mesmo, fato que é preciso ter-se em mira quando se busca compreender e intervir na conversão do eixo da relação sociedade-natureza no eixo da relação sociedade-espaço, sabendo ler e escolher a forma adequada do ordenamento espacial a se dar. E sabendo ter em conta também que o homem o faz orientado pela racionalidade. Tricart exemplifica esse fato com a possibilidade de o homem orientar a concepção da erosão dos solos no foco maior da erosão de terras, o sistema de cultivos no foco das culturas e técnicas de melhor revestimento do solo e a degradação hidrológico-geomorfológica no foco da degradação hídrica, podendo introduzir com consciência no formato dos arranjos do espaço o olhar integrado dos eixos que lhe parecer conveniente.

Hartshorne, por fim, percebe, ao mesmo tempo que Sorre, a mudança em curso. E propõe como solução um retorno à superfície terrestre e à abordagem desta pelo recorte e pela diferença, na linha do retorno a Ritter de Hettner, como alternativa. E insiste na necessidade de se ver as relações axiais por esse paradigma. A superfície terrestre, o recorte espacial e a diferença de áreas estão presentes no tema dos gêneros de vida, da taxonomia das paisagens, nos níveis de escala dos meios geográficos, mas é em Hartshorne que recebem um sentido conceitual mais preciso.

De partida, Hartshorne enfatiza o caráter heterogêneo e diferenciado dos fenômenos geográficos, o primeiro no prisma da relação sociedade-natureza e o segundo no prisma da relação sociedade-espaço. E nos lembra que isso é mais explícito quando o fenômeno geográfico é apreendido na visualidade da superfície terrestre, seja no foco das relações do eixo sociedade-natureza, seja no foco das do eixo sociedade-espaço, mas, sobretudo, no foco do movimento das suas recíprocas interações. Trata-se de uma percepção implícita no conceito de diferença como um instituído e também no caráter corológico da Geografia, dado o caráter necessariamente de relação seja do conceito de superfície terrestre, seja de recorte espacial, seja de diferença.

Apontar para a diferença entre o conceito de natureza e o conceito de natural e dentro deles aclarar o conceito do homem lhe parece um fundamento preliminar. Há uma natureza (uma essencialidade) do que é geográfico, diz Hartshorne, que não se deve confundir com o fato fenomênico da coisa natural. Preocupa-o estarmos diante de um ardil da dicotomia no próprio modo como pensamos esses conceitos. E que Harthsorne atribui à tradição determinista.

E parece-lhe também preliminar o restabelecimento do elo discursivo da Geografia com a superfície terrestre, uma vez que nesta não há como isolar e separar, individualmente ou em campos de grupos, os fenômenos, e muito menos ver sua organização e movimentos nos termos desse ou daquele eixo, uma vez que a superfície terrestre é por si mesma relação local e fluxo de relações espaciais, homem-meio/homem-espaço. Um movimento triádico homem-meio-espaço que se explicita como eixo binário, a depender do movimento do fenômeno e do momento do olhar.

Os conceitos e as categorias

Temos no rol desses temas a plêiade vocabular que fez dos clássicos os construtores modernos da Geografia. Seja na taxonomia das paisagens, no conceito do arranjo espacial como fundamento formal dos arranjos paisagísticos, no papel da técnica na construção dos arranjos do espaço ou das interações axiais como discurso da Geografia, vemos evidenciar-se a pletora das categorias que informam a linguagem, o perfil e a personalidade identitária da Geografia clássica, embora nem sempre acompanhadas da clareza conceitual que se faria necessária.

Talvez por isso, embora sendo central, a paisagem nunca apareça em seu conceito explícito em nenhum deles. O que se depreende é ser o aspecto visível do espaço e através do qual a ele se chega. A leitura da paisagem é o começo do itinerário do trabalho geográfico nos clássicos. E talvez por isso a descrição surja como o recurso do método por excelência. Mas o que a paisagem é conceitualmente difere de um clássico para outro, e a depender do contexto e momento. A rigor, não os orienta um conceito, mas, isso sim, um certo sentido de fundamento. Em Vidal de La Blache a paisagem é a permanência. Em Reclus é o fluir material do tempo. Em Brunhes, o cartográfico. Em George é a existência. Em Tricart é a escala. E em Hartshorne é a significância. Isso quer dizer que o conceito da paisagem se confunde com a perspectiva do olhar. E tem por referência aquilo que nela e através dela se identifica.

A significância é uma categoria a um só tempo de método e fundamento em Hartshorne. Percepção e sentido se fundem no fundamento. Daí Hartshorne remetê-la à significância, querendo dizer com isso dever-se tomar como referência da paisagem essencialmente o elenco de aspectos mais interconectados e assim mais presentes no contexto das ligações com a totalidade do universo dos elementos que a formam. Significância se aproxima, assim, de permanência, um conceito chave em Vidal de La Blache, permanência referindo-se ao conjunto dos elementos que menos são mutantes na evolução da paisagem no tempo e mais se repetem na fisionomia com que ela se mostra à nossa captação perceptiva. Mas se a significância tem um conteúdo lógico, a permanência tem um conteúdo psicológico. A significância é um dado da teoria e a permanência um dado da percepção. Valor discursivo, a significância faz da paisagem uma forma de intelecção. Valor senso-perceptivo, a permanência faz da paisagem uma forma de percepção.

O conceito de arranjo espacial vem junto da descrição. No geral, o arranjo espacial é concebido como referindo-se ao modo pelo qual os fenômenos se localizam e se distribuem na extensão do espaço. E é na forma desse entendimento que aparece como uma categoria da descrição, ajudando no mapeamento da localização e distribuição dos elementos dentro da extensão que os contém. É esta a forma sob a qual cumpre a função metodológica de levar o olhar do geógrafo diretamente para o plano cartográfico do *habitat*. E é assim que se apresenta em Brunhes. Vidal La Blache o utiliza em sua descrição da distribuição dos homens na superfície terrestre, instruindo a clarificação do modo como esta foi sendo povoada pelas civilizações. Mas é uma categoria-chave sobretudo em Pierre George, quase aparecendo como uma categoria nascida com seus livros.

A configuração é uma categoria sempre confundida com o conceito do arranjo espacial. A exemplo da descrição dos complexos de paisagens em Sorre, na qual é ela a categoria presente. A configuração é, entretanto, uma categoria de sentido mais abrangente que a do arranjo, por incluir o sentido de organização do espaço. O arranjo é para a configuração apenas sua base arquitetônica.

O *habitat* vem numa escala de abrangência ainda maior, que inclui, superpostos, e, na ordem de superposição, o arranjo espacial, a configuração e paisagem, o *habitat* vindo dessa soma. O arranjo é o suporte da configuração, a configuração revela-se pela paisagem e a paisagem identifica a natureza do *habitat*.

O mesmo se pode dizer do ecúmeno. Mas seu conteúdo já desloca o fundamento para o conceito da existência. Como George percebeu claramente. O conhecimento se inicia no mapeamento do arranjo espacial da população. Mas é mais que essa distribuição. Daí sua colagem com a noção do *habitat*, porque o ecúmeno remete à superfície terrestre como morada do homem. Daí a presença do arranjo, da configuração, da paisagem e do *habitat* na descrição e análise do ecúmeno em Sorre. E igualmente na descrição do modo como a casa e os caminhos em seu casamento dão na origem da cidade e do todo dinâmico do espaço advindo da relação da cidade com a circulação em Brunhes.

O gênero de vida é um conceito estruturante das relações axiais natureza-homem-espaço. O gênero de vida é um todo modelado no meio geográfico, na técnica e nas normas e regras de regulação, amalgamados nos hábitos e costumes originados da relação de contingência. E tem sua constituição geográfica brotada da mesma sucessão de escala de arranjo espacial, configuração, paisagem, *habitat* e ecúmeno que vimos para Sorre, por isso mesmo o clássico mais identificado com o conceito vidaliano. É Sorre quem o traz para a atualidade das sociedades urbano-industriais, vendo a sociabilidade urbano-industrial como um gênero de vida.

A sociabilidade é uma categoria sorriana em Geografia. Talvez possamos compreendê-la considerando o papel e função dos hábitos e costumes no conceito de gênero de vida e transportando-a para qualquer forma de organização societária de vida na história. Tem o caráter de como a cultura se materializa e significa os modos de vida do homem em qualquer contexto societário, identificando-se com o sentido que essa cultura empresta à vida e ao mundo para o homem.

O meio geográfico aparece sempre que o gênero de vida é considerado. Assim nasceu com Vidal de La Blache e assim foi com Sorre. O conceito foi, no entanto, se desvinculando com o tempo dessa fonte originária para ganhar um entendimento de sentido mais amplo. É o meio ambiente com o seu matiz geográfico. Pode-se assim dizer. E é sob esta forma que aparece em Vidal de La Blache, Sorre, Hartshorne e, sobretudo, em Tricart. Tricart é o seu principal teórico. Tricart condena a noção puramente física da noção de meio, que designa de meio físico-geográfico, considerando a interação dos seres vivos (que inclui as plantas, os animais e o próprio homem) com o meio físico como seu agente geracional, conteúdo e essência da forma real. Para Tricart, meio geográfico é o todo integralizado da interação ser vivo e traços físicos, o elo orgânico mais ativo pertencendo ao ser vivo homem. É para Tricart meio geográfico tanto um geótopo quanto uma zona, no abrigo que dá à taxonomia das paisagens de Bertrand (na ordem: geótopo, geofácies, geossistema, região natural, domínio e zona), a diferença sendo de escala de recorte e complexidade de estrutura. Hartshorne tem o mesmo entendimento, tomando para si o conceito cultural de meio de Sauer e advogando a superfície terrestre como campo real de sua definição e presença.

A complexidade é outra categoria sorriana, incorporada por Tricart. Tem um sentido de componente e entendimento diverso: é a heterogeneidade e multiplicidade dos fenômenos em Tricart e Hartshorne; a civilização e os gêneros de vida em Vidal de La Blache; a estrutura do ecúmeno em Sorre; o espaço de ordem-desordem em Brunhes; a sociedade de espaço organizado em George. Mas em Sorre e Tricart é que aparece como conceito, nos quais pode ser compreendida como um todo solidário num amálgama de elementos inseparáveis integrados na argamassa que o torna a um só tempo unido e flexível. Não é complexo, pois, por oposição ao simples, ou devido ao volume numeroso de sua composição, a exemplo da ideia do heterogêneo, mas o uno dialético do múltiplo.

A escala é o conceito estrutural. Em alguns tem o sentido da extensão horizontal. Em outros o sentido da hierarquia vertical. Seja como for, diferentemente do conceito matemático que virá a ter na Cartografia, a escala para os clássicos tem um significado qualitativo.

O espaço, por fim, é o conceito-matriz da identidade da própria Geografia. Embora entendido ora como extensão, ora como plano, ora como estrutura, o espaço é o conceito da totalização em todos os clássicos. É o espaço que para Reclus projeta o homem para o reconhecimento de si mesmo enquanto forma autoconsciente de natureza. E que para George organiza a história. Sob uma certa forma, é o espaço o conceito que para realizar seu fundamento necessita do êmulo de todos os conceitos, e por conta disso o que contém e assegura a aquisição de um formato geográfico para todos eles.

As matrizes, diferentes ontologias

Podemos agora sintetizar e caracterizar as matrizes de pensamento que brotam e se revelam através dos livros que nos servem de referência.

Comunidade e libertarismo em Reclus

A matriz reclusiana expressa sua visão comunitária e libertária de mundo. O espaço é a categoria-chave do seu construto. E a Geografia é a forma por meio da qual o homem pode se compreender como natureza e história humana. "A Geografia é a História no espaço do mesmo modo que a História é a Geografia no tempo" e "O homem é a natureza adquirindo consciência de si própria", são as expressões sintéticas pelas quais Reclus resume esse ponto de vista.

A Geografia dá ao homem a medida da sua dimensão libertária na história. Eis sua ideia num resumo. Ao colocá-lo espacialmente diante da natureza, a Geografia coloca-o num estado de autoconsciência. Reclus mostra aqui um conceito de espaço indissociado do homem e da natureza, e isso a partir do próprio fato da indissociabilidade do homem e da natureza em si mesmos.

Nasce dessa indissociabilidade uma Geografia livre dos males da dicotomia. Por isso, não se perde Reclus na necessidade de explicitá-la se é uma Geografia Física ou uma Geografia Humana ou se é uma Geografia Sistemática ou uma Geografia Regional. Porque o pecado original de toda dicotomia, que é a relação de externalidade recíproca entre o homem e a natureza, e, em consequência do homem e da natureza com o espaço, que é uma característica do pensamento moderno, diga-se positivista e neoknatiano, não é por ele cometido.

A associação da Geografia com a Filosofia Libertária traz outro aspecto matricial distintivo. Em sua leitura da passagem do feudalismo para o capitalismo – Reclus extrai sua visão da história do mesmo solo epistemológico do qual Marx extraiu sua teoria do materialismo histórico, o ideário socialista do século XIX, a semelhança terminando aí –, Reclus acrescenta a presença da comunidade ao lado do burgo e do feudo, nos convidando a uma releitura de nossas teorias da transição. O capitalismo não veio, para ele, de um embate entre o burgo e o feudo, mas do burgo ao mesmo tempo contra o feudo e a comunidade. É assim que se eliminou o feudo, mas não se eliminaram a comunidade, a cultura e a ideologia comunitária na história. Por isso a comunidade trava hoje com o capitalismo uma luta de contra-espaço tal qual no passado com o feudalismo.

É muito claro o vínculo de Reclus com Jean-Jacques Rousseau (1712-1778). A ideia de que os homens nascem naturalmente livres e aceitam abrir mão de parcela de sua liberdade em nome de um pacto social essencial ao estabelecimento do convívio em sociedade, que é quebrado pela instituição da propriedade privada, introduzindo a relação de desigualdade entre os homens, é uma ideia de Rousseau transportada por Reclus como discurso classista dos arranjos do espaço com uma transparência cristalina. E é isso que para Reclus faz o duplo contraditório que acompanha a Geografia ao longo de seu trajeto como pensamento moderno: o espaço de um lado é a prisão dos homens e de outro é a possibilidade da sua emancipação libertária. O socialismo reivindicativo – mais uma vez Reclus se aproxima de Marx, outro pensador rousseauniano, mas para dele divergir – é o caminho.

O sentido sociopolítico é o que substancia a matriz geográfica de Reclus. E precisamente nisso reside a explicação da sua permanência. E a razão de seu retorno com grande força nesse momento de outra renovação por que passa a Geografia herdeira dos clássicos.

Civilização e gêneros de vida em Vidal de La Blache

A matriz vidaliana expressa a visão da contingência como modo de ser do homem no mundo. Forma como Vidal transpõe a noção bíblica do livro arbítrio para o âmbito da Geografia, a contingência é a possibilidade da livre escolha que o homem porta dentro de si de optar pela forma de relação que almeja ter com a natureza no momento da construção geográfica da sociedade na história.

O gênero de vida é o veículo básico dessa construção. Orientado nos hábitos e nos costumes, de que a própria técnica surge como forma de expressão, o gênero de vida é a contingência materializada em modo de vida. Esse modo de vida é a coabitação espacial. Embora não faça a história ao seu gosto, o homem pode fazê-la ao seu jeito. Basta-lhe que siga as regras da coabitação espacial.

O intercâmbio é a chave da constituição da coabitação. E do progresso civilizatório. Intercâmbio com os homens e intercâmbio com a natureza. Do intercâmbio com a natureza vem a essência cultural com que o homem cria sua civilização com seus gêneros e modos de vida.

Civilização é o termo maior da matriz geográfica de Vidal de La Blache. É o fruto da ação histórica dos homens em sua relação com o meio natural, a forma grandiosa que assume o agregado dos gêneros e modos de vida. A essência da civilização é a cultura, formada pela reunião dos hábitos e costumes com base nos quais se organizam e regulam os gêneros e modos de vida. Por isso, são os traços do meio natural que encontramos nos traços culturais, e vice-versa, são os traços culturais que encontramos nos traços do meio natural dentro da civilização. As paisagens são prenhes dessa simbiose de traços, aqui na forma da paisagem das culturas alimentícias, ali das habitações, acolá do vestuário e mais além das armas.

O homem age em sua relação com o meio por seletividade. O ponto de partida é a escolha do *locus* que toma por território e no qual institui o modo de vida que nele engendra. Mas não o faz como indivíduo, senão como grupo social. A coabitação do espaço, princípio da civilização, é o dado. Assim, não o coage o meio, embora não aja indiferente a ele. Ensaia a relação antes de consolidá-la.

Foi assim que criou as civilizações na história, por ensaio e erro, aprendendo e acumulando até passar para estágios mais amplos, aqui numa "área-laboratório", ali numa "área anfíbia", tomadas uma e outra como "oficinas de civilização", até chegar aos grandes espaços formadores das civilizações.

O progresso humano vem desse aprendizado, desse acúmulo do diálogo do homem com o meio e com os outros homens e seus respectivos meios. Pelo intercâmbio os homens enriquecem seu acervo de experiências e por meio dele refazem suas relações com seus meios, e por isso as civilizações nunca se esgotam mesmo quando se encontram já desgastadas, evoluindo as que trocam e fenecendo as que se fecham em si mesmas.

O estudo da atual distribuição dos homens (*dos homens*, não da população) na superfície terrestre espelha ao tempo que explica a trajetória geográfica das civilizações. Ali onde hoje se localizam territorialmente é onde está fincado o longo acúmulo de experiência e aprendizado de transformar o meio natural em gêneros e modos de vida, e, assim, está guardada toda a essência histórica das suas civilizações passadas.

Destruição e construção em Brunhes

A matriz brunhiana expressa sua concepção peculiar do mundo como a "direção da intenção" bergsoniana que confere ao homem um papel singular na história.

O mundo é o que dele faz a tensão das forças motoras que o mantêm em permanente estado de mudança, de um lado as "forças loucas do Sol" e de outro lado as "forças sábias da Terra", a superfície terrestre surgindo da dialética de ordem e desordem que assim se estabelece. O homem intervém como um reprodutor dessa dialética em sua ação de destruir para construir e construir no ato de destruir os espaços. Por isso, revolta Brunhes, mas não o alarma, a devastação do meio ambiente que já presencia ao seu redor.

O princípio geográfico que baliza seu pensamento é a superfície terrestre como morada do homem. E não há como construir uma sem alterar a outra. Por isso que essa geografia do homem – termo que em Brunhes, vê-se, não tem qualquer conotação dicotômica – começa pela construção destrutiva das casas e caminhos, toda a complexidade do espaço geográfico vindo desse ato mais simples. As casas e caminhos se desdobram nas manchas dos cultivos e criações. Daí chega-se às cidades, às atividades da indústria e das trocas e com elas ao espaço organizado na sua acepção mais completa. E, então, à constituição do *habitat*.

Este arranjo dos espaços é, entretanto, orientado por um constante processo de rearranjo da distribuição das localizações em que o mapa das localizações e distribuições se refaz ao sabor do movimento de trocas da densidade dos cheios e dos vazios, surgindo o cheio onde era o vazio e o vazio onde era o cheio, numa alteração permanente da configuração das paisagens. A dialética da ordem-desordem se desdobra, assim, transferindo-se para o próprio terreno do espaço.

O trabalho, um fato psico-histórico, é o responsável por esse caráter a um só tempo dinâmico e contraditório da construção do espaço. As necessidades vitais são o dado inicial que move o homem ao trabalho, e, assim, à realização dos fatos essenciais – produtivos e improdutivos – de que o espaço destruído-construído é o resultado final.

O espaço geográfico é essa combinação do caráter objetivo e subjetivo dos fatos geográficos. Objetivo por conta das forças que se embatem na constituição da superfície terrestre e do estado de ordem e desordem em que esta sempre se encontra. Subjetivo por conta da natureza psico-histórica do trabalho por meio do qual o homem intervém na superfície terrestre, destruindo para construir e construindo pelo ato de destruir. A dialética de objetividade-subjetividade dando o rumo do processo.

Ecologia e complexidade em Sorre

A matriz sorreana é a expressão de sua concepção complexo-ecológica do mundo do homem. E cujo centro é o conceito de ecúmeno enquanto uma rede de complexos.

O todo estrutural da vida do homem é uma cadeia de inter-relacionamento de complexos. E o conjunto desses complexos é o ecúmeno. O ecúmeno se arruma no espaço a partir da repartição do homem (novamente, *o homem*, não a população) na superfície terrestre, o seu caráter ecológico vindo precisamente do fato de o encadeamento começar e finalizar sempre como uma relação do homem com o seu meio. Parte e se expressa geograficamente nessa e por intermédio dessa repartição. Mas é mais que ela por ser o todo relacional que vai da relação homem-meio à relação mais fina da sociabilidade planetarizada.

É a técnica o amálgama que costura essa rede de complexos e por isso Sorre busca aprofundar a Geografia da Civilização vidaliana como base de sua própria teoria, trocando, porém, o conceito de civilização pelo mais amplo de ecúmeno e mantendo o gênero de vida como fundamento, desse modo reafirmando a teoria geográfica do seu mestre ao tempo que o faz com parâmetros que lhe são próprios.

O surgimento da técnica moderna imprime, para ele, uma escala maior e estruturalmente mais planetária da rede de complexos. Por isso, os complexos que antes faziam suas interligações numa rede de entrecruzamento local fazem-no agora no âmbito da escala abrangente de toda a superfície terrestre do planeta, arrumando e arrastando para essa escala de espaço o todo da relação de sociabilidade.

O centro de gravidade da organização do espaço passa a ser o gênero e modo de vida urbano-industrial, que leva a relação homem-meio a ter de realizar-se na escala global da superfície terrestre. E, assim, o todo do ecúmeno é levado a se refazer, as formas do gênero de vida urbano-industrial substituindo as dos gêneros e modos de vida das civilizações passadas.

A unificação de todos os espaços num só ecúmeno, a rápida desintegração dos gêneros de vida pela aceleração dos meios de comunicação e transporte, o deslocamento das relações ambientais locais para o nível de uma ecologia do planeta, somam-se ao caráter cosmopolita da vida, ao ecúmeno arrumado numa rede de complexo de complexos, com suas tensões, agitação e instabilidade de uma sociabilidade industrial e urbana.

Espaço não organizado e organizado de George

A matriz georgiana é a expressão da sua concepção do espaço como historicidade. Razão porque é com George que a Geografia efetivamente se consolida como ciência do espaço.

Há um sentido de tempo histórico no espaço geográfico. Mas da história como estrutura, e não como fluxo do tempo que se intermedia no espaço, como ainda é em Reclus. O espaço é história porque o tempo existe como espaço e isso porque o espaço é a condição de materialidade do tempo histórico. Por isso há que se distinguir o tempo natural e o tempo técnico e perceber-se nas construções do espaço o momento em que as estruturas da história passam de um tempo para outro.

O homem é o sujeito dessa sociedade de espaço organizado e sua ação se faz presente através das suas atividades de transformação do meio natural. E age por intermédio do trabalho, potencializado pelo poder da técnica. O esteio da ação é a evolução das relações e forças da produção, que atuam como o fio condutor e o marco de passagens dos tempos históricos.

As sociedades são organizadas através dos seus espaços. Neles imprimem e por meio deles expressam todas as suas características estruturais. Por isso, há tantos espaços quanto sociedades na história. Nas sociedades pré-históricas não há espaço organizado. As relações e forças de produção se materializam em técnicas que necessitam adaptar-se ao próprio meio antes de lançar-se a extrair algo dele. E a paisagem expressa a presença dos espaços naturais com todos seus constrangimentos e limitações à subsistência. A passagem da pré-história para a história, promovida por um salto subjacente do nível das relações e forças da produção, altera esse quadro e traz consigo uma nova forma de relação do homem com o meio. E assim surge a fase das sociedades de espaço organizado, em que as sociedades passam a ser o que são: a organização dos seus espaços. O primeiro passo é o surgimento das sociedades de espaço organizado num todo de estrutura rural, a que se seguem as sociedades de espaço organizado num todo de estrutura urbano-industrial. É quando o tempo natural é substituído pelo tempo técnico, e a paisagem reflete a presença da técnica na determinação do modo de relação do homem com o meio e no modo como essa relação vai se exprimir como relação de espaço.

Morfogênese e escala de tempo-espaço em Tricart

A matriz tricartiana vem de sua concepção do mundo como um todo orientado na ação dos seres vivos. Da interação entre os seres vivos, entre os quais se encontra o homem, e o entorno físico nasce o meio geográfico.

O centro dinâmico dessa morfogênese é a ação contrária das forças internas e externas e daquelas oriundas da própria energia acumulada na matéria formadora do planeta, todas interagindo de modo unívoco no plano da interface das camadas formadoras da superfície terrestre – a litosfera, a hidrosfera e a atmosfera –, os seres vivos agindo e recriando o entorno físico justamente nos planos de interface. Isso explica o caráter heterogêneo, abrangente e mutante, portanto integral, do meio geográfico. E a dialética e os fundamentos da sua dinâmica.

O meio geográfico é a forma por excelência da concepção de organização do espaço de Tricart. E, por conseguinte, a categoria por intermédio da qual o espaço estrutura e determina todo o desenvolvimento das sociedades na história.

Os meios geográficos são hierárquicos em sua organização espacial. E a hierarquia dos meios geográficos é uma expressão da escala tanto do tempo quanto do espaço, a leitura do real devendo considerar a simultaneidade tanto de uma escala quanto da outra, já que a riqueza de detalhes do real em seu movimento tende a aparecer com maior transparência na escala espacial grande (área pequena) e a desaparecer ou aparecer num grau consideravelmente mais pobre na escala pequena (área grande) em face do nível de generalização.

Por isso, ganha-se na escala grande e perde-se na escala pequena o poder de percepção do movimento da visibilidade dos fenômenos no espaço e da própria marcha da temporalidade do tempo. E se é levado à falsa impressão de permanência que os níveis maiores de generalização escalar transmitem. O geótopo é, assim, um nível espacial de movimento com mais expressividade e realismo de percepção temporal que o do geossistema, do domínio e da zona.

A leitura das paisagens deve ter em conta o caráter de integralidade dos fenômenos em seu meio geográfico e o poder de perda-ganho de riqueza de detalhes do movimento de percepção do real em função dos níveis de escala, meio geográfico e escala sendo dois aspectos do real geográfico sem os quais frequentemente nos perdemos.

O caráter integral vem do fato de o meio geográfico ser uma combinação de heterogeneidade e de homogeneidade. O que obriga o geógrafo a olhar o real como uma forma de complexidade. E a complexidade à luz estrutural da escala.

Diferença e significação em Hartshorne

A matriz hartshorniana, por fim, é a expressão da sua concepção do movimento espaço-temporal como processo de constituição da diferença. E nesse mister faz sua e atualiza a matriz hettneriana em seu afã de reafirmá-la como teoria geográfica própria e atual para a compreensão do nosso tempo. Nessa busca de resgate, o projeto é reafirmar a proposta hettneriana de retorno à superfície terrestre como o âmbito plural e morada do homem.

A diferenciação só é captável geograficamente quando referida à superfície terrestre em todo o seu significado e abrangência. Destacada dessa inserção, diferença e diferenciação somem diante dos olhos do geógrafo, como que por encanto. Como aconteceu com a Geografia Regional. Resgatar a diferenciação espacial como enfoque e o recorte espacial como foco é resgatar a superfície terrestre como âmbito das reflexões do geógrafo.

Esse resgate se desdobra em outros planos, como a ultrapassagem da fase das dicotomias e o restabelecimento do sentido integrado do real que a prática das divisões tem tido o papel de desfazer, propiciando a recuperação de uma pletora de conceitos e categorias que a história da Geografia foi vendo ser abandonada na estrada.

O resgate permite que a dimensão corológica da Geografia se restabeleça, e restabeleça consigo a distinção conceitual a fazer-se entre as categorias do recorte, da área, do lugar e da região, cuja inobservância tem impedido o geógrafo de fazer sua leitura espacial do real com toda a transparência de movimento de transfiguração que estes termos guardam entre si. Mas, sobretudo, que se tragam o homem e a natureza de volta para o interior da Geografia, sem a necessidade dos artifícios de discursos dicotômicos que visam seja justificar a sua dispensa, esconder a ausência do conceito ou mesmo disfarçar a dificuldade do geógrafo de poder ver o espaço em termos de meio ambiente e o meio ambiente em termos de espaço.

Haveria para isso que se resolver o problema do caráter heterogêneo com que a realidade fenomênica volta a aparecer neste resgate da superfície terrestre diante dos olhos do geógrafo. Mas também aí o resgate da superfície terrestre como o âmbito do estudo da Geografia traz consigo suas possibilidades de metodologia. Por exemplo, a similaridade, o contraste, a variação e a comparação de imediato reaparecem como categorias do método, juntas e combinadas com a categoria da significação.

O que se aprende com os clássicos

Podemos aprender algumas lições com os clássicos. A mais importante delas é que a Geografia é o estudo entre a relação sociedade-natureza e a relação sociedade-espaço. Nessa interação o fenômeno ora se metaboliza numa, ora noutra forma, tomando essa dialética de transfiguração como seu eixo de movimento geográfico.

Como numa relação respectivamente de conteúdo e forma, essência e aparência, ontológico e ôntico, ser e existência, a relação sociedade-natureza é a relação metabólica seminal. E a relação sociedade-espaço é a que lhe dá realidade e evidência.

É esse pensamento fulcral o que apreendemos da leitura de seus livros. Vejamo-lo de um modo mais sistemático e à guisa de um resumo final.

O metabolismo homem-meio: a relação seminal

O estudo sistemático dos clássicos mostra que o eixo da Geografia moderna oscila entre a sociedade-natureza e a relação sociedade-espaço. E que essas duas qualidades de relação do homem raramente fluem dissociadas, uma sempre se sobrepondo à outra em função da estrutura do tempo. Três momentos discursivos podem ser vistos desse ponto de vista: o da centração do discurso no eixo sociedade-natureza, o da centração do discurso no eixo sociedade-espaço e o da dissociação radical dos eixos. O primeiro momento reflete o período da passagem da primeira para a segunda Revolução Industrial. O segundo, o do auge da segunda Revolução Industrial. E o terceiro, o do declínio e crise da sociedade instituída pela segunda Revolução Industrial e sua recriação no parâmetro científico-técnico da terceira. Vidal de La Blache, Reclus e Brunhes representam o primeiro momento; Sorre e Hartshorne, o segundo, e George e Tricart, o terceiro.

Com isso os clássicos ensinam que a Geografia é uma ciência que extrai seu discurso da interface dos eixos sociedade-natureza e sociedade-espaço, em que formal e conceitualmente prevalece ora o que hoje designamos de meio ambiente, ora o que entendemos por espaço. Seja como for, mais que duas relações de caráter distinto, são dois momentos qualitativos de um mesmo movimento, cujo conjunto complexo forma a organização geográfica dos fenômenos.

No fundo, assim vamos entender, é a nossa falta de compreensão do ponto da transfiguração recíproca que faz a leitura dessa complexidade mover-se como dupla modalidade de eixos, às vezes reciprocamente negadores, o que explica ter o pensamento geográfico evoluído na forma como analisamos no capítulo "As matrizes, diferentes ontologias", sugerindo uma evolução distribuída em três momentos, anteriormente sistematizado: o da centração do discurso da relação sociedade-natureza como vemos ocorrer em Reclus e Vidal de La Blache; o da centração no discurso da relação sociedade-espaço como expresso em Brunhes, Sorre e Hartshorne; o do retorno à relação sociedade-natureza da aparente ambiguidade de George e Tricart. O primeiro momento reproduz o metabolismo da história do período da primeira Revolução Industrial, o segundo, o metabolismo da história do período da segunda Revolução Industrial e o terceiro, o metabolismo da história da terceira Revolução Industrial em curso.

Numa valorização da determinação da técnica e das eras técnicas, Sorre e Hartshorne ilustram a passagem do primeiro para o segundo período e George e Tricart, a passagem do segundo para o terceiro. E essa ênfase na técnica e seu uso como marco de espaço-tempo não raro acaba por ser a resposta da questão do ponto da transfiguração, mesmo quando inscrita no metabolismo do trabalho.

A técnica, o trabalho e homem são as categorias presentes em comum nos dois eixos, o homem evidenciando-se como o sujeito da ação – daí o título da maioria dos livros de que nos servimos neste estudo da Geografia clássica, em particular o de George – e que se expressa no plano material na técnica e no plano processual no trabalho. Vidal de La Blache os vislumbra no conceito de gênero e modo de vida; Reclus, no de luta de classes; Brunhes, no de ordem-desordem espacial; Sorre, no de sociabilidade do espaço complexo; George, no de espaço social-produzido; Tricart, no de interação ambiental, e Hartshorne, no de corologia da superfície terrestre.

O trabalho é o próprio nome do metabolismo. Embora só dedutivamente assim apareça entre os clássicos. Elemento operacional desigualmente presente em cada um deles, é só em Reclus, Brunhes e George que ganha um *status* conceitual de mais clara evidência teórica. Em Reclus o trabalho é elo que faz do homem o sujeito-objeto da história, a própria natureza e o espaço aparecendo como o caminho da sua constituição como ser e consciência ("o homem é a natureza adquirindo consciente de si mesmo", sempre o diz). Em Brunhes é o elo subjetivo – psico-histórico como diz – que realiza a transfiguração da relação homem-meio, que Brunhes identifica com a destruição, na relação homem-espaço, a qual ele identifica com a construção. E, assim, o motor da ação geográfica por excelência. Em George, o trabalho é o elo processual que transfigura o espaço no modo de existência do homem no mundo da superfície terrestre. Já Vidal substitui o trabalho pela ação dos hábitos e costumes, fatos culturais que regulam a coabitação dentro dos gêneros de vida, atuando como essência constitutiva por excelência da sua sociabilidade. Em Sorre, um pouco à semelhança de Reclus, o trabalho se relaciona às classes do trabalho, o conflito capital-trabalho e o processo do consumo que atenuam, quando não deslocam, o conflito, sendo as fontes que identificam o sentido capitalista industrial moderno da sociabilidade. Seja como for, a relação homem-meio resolve-se pela transformação em formas de vida e de subsistência por intermédio do trabalho, o trabalho essencializando o processo geográfico por este meio.

A técnica é também entendida por diferentes formas. Potencializadora do trabalho, a técnica é um elo orgânico da estrutura e modo de vida geográfica do grupo humano em Vidal de La Blache, nascendo da relação homem-meio e retroalimentando-a no seu devir permanente. É um elemento compósito do gênero de vida, portanto, e no âmbito relacional dele ganhando valor e significado. Fora desse meio sócio-histórico é um dado amorfo, iluminando-se no que é só quando devolvido ao meio. É um elo de mediação introduzida na relação, vindo de fora nos demais clássicos, em que não raro substitui ou obnubila a presença do trabalho e do próprio homem na transformação do meio em estruturas geográficas organizadas, a exemplo do espaço em Sorre e mesmo Brunhes e George. O fetiche da técnica talvez seja o principal traço da Geografia clássica.

A rigor, o fetiche é onipresente na Geografia clássica. Mesmo em George, e no qual trabalho e espaço são elos que materializam a relação homem-meio num discurso de subsistência, que aqui vamos entender como subexistência, o que subjaz, o suporte que funda e define o processo geográfico como a condição instituinte da existência (George, 1969). Embora George reflita em sua teoria a presença passada do sentido metabólico que o trabalho tem em Marx, existência é, entretanto, subsistência, um estado de realização mais socioeconômico que ontológico, fruto do seu compartilhamento do conceito do trabalho como mediação, atividade econômica que realiza a transformação da natureza em meios de existência e de produção que vão formar a base da reprodução material da vida do homem. Então, mediação na relação sociedade-natureza mais do que processo de hominização do homem pelo próprio homem por meio de sua própria ação, como concebido por Marx no seu discurso do materialismo histórico. O trabalho é em Marx o intercâmbio de forças que se passa entre o homem (fração dos braços, pernas etc.) e o restante das formas da natureza, processo, e não coisa, o que nega o caráter de mediação como George e os clássicos o veem, de cujo resultado emerge um homem e natureza reciprocamente transformados, numa reciprocidade em que o homem transforma a natureza ao tempo que transforma-se a si mesmo, o homem hominizando-se e a natureza socializando-se. No fundo, um conceito igualmente implícito no conceito brunhiano de destruição construtiva, que, à diferença de George, não parece ter conhecido o pensamento de Marx.

O conceito do metabolismo é, entretanto, mais transparente em Tricart – outro geógrafo egresso do materialismo histórico e com o qual permanece relacionado até pouco antes de sua morte (George rompe com o pensamento marxista nos anos 1960) –, em quem é concebido como determinidade e processo e o seu âmbito de abrangência é expandido para o plano geral das relações dos seres vivos com o meio sem vida. Expansão que mais parece aproximar Tricart conceitualmente da Teoria Gaia de James Lovelock e de antropogênese de Teilhard Chardin.

Sabemos que pela Teoria Gaia o planeta Terra é o produto de uma história de interação dos seres vivos com o aspecto inorgânico do meio, que faz o planeta ser o que estruturalmente é segundo cada momento da evolução, os seres vivos reproduzindo-se, evoluindo e se transformando através da incorporação do inorgânico ao tempo, que fazem este reproduzir-se, evoluir e se transformar para uma forma nova consonante com a dos seres vivos. De modo que a composição da litosfera, da baixa atmosfera e da hidrosfera mais se adapta às necessidades e a ação transformadora dos seres vivos que os seres vivos se adaptam a ela, a exemplo dos dias de hoje em que o predomínio do nitrogênio e do oxigênio e a presença menor do gás carbônico formam uma atmosfera de condições ideais para a vida porque essa composição é um produto interativo dela, sendo essa a origem da atual biosfera. Vimos que é isso, em essência, o conceito de meio ambiente de Tricart. Já a antropogênese é o conceito teilhardiano do homem como ser autopoético num movimento que explica sua cosmogênese, tudo se explicando numa história de relação e interação ambiental semelhante à das Teoria Gaia, mas com acentos mais arqueológicos e antropológicos. E vimos que é como Tricart vê a presença do homem em sua relação de interação recíproca com o meio.

O metabolismo homem-espaço: desdobramento e efetividade

A transformação do meio pelo trabalho potencializado na técnica é o trânsito da transfiguração da relação sociedade-natureza na relação sociedade-espaço, levando toda a complexidade metabólica da primeira para a escala maior do metabolismo espacial. Por isso que a técnica aparece como o agente da nova materialidade por excelência, dado que sua presença avulta na aparência mais que a ação do homem e do trabalho. Tudo aparece como produto da técnica. Assim também o espaço.

A relação espacial se inicia no fato da localização. Se amplifica no fato da distribuição. Se desdobra na configuração dos arranjos. E assim se materializa na estrutura global que, retroativamente, controla, determina e regula como movimento metabólico. O espaço é a dimensão perceptiva que materializa a relação sociedade-natureza em seus movimentos.

Brunhes é enfático no papel-chave da distribuição da localização na construção do espaço. Teoria que se afirma na reiteração que faz da superfície terrestre como o âmbito onde a relação homem-meio se afirma e se realiza como geografia. E o mesmo faz George no tocante ao começo da organização geográfica dos fenômenos na forma do arranjo das localizações na superfície terrestre. Toda localização deve ser vista no quadro da distribuição e, assim, da extensão por esta determinada. Para ambos, o arranjo das localizações na superfície terrestre aparece assim como a condição preliminar de que a relação homem-meio se torne espaço e desse modo efetivamente se geografize. Mais que isso, diz Brunhes, como a condição da ocorrência do ciclo da redistribuição dos cheios e vazios das localizações que converte o metabolismo homem-meio num metabolismo homem-espaço e essa dualidade metabólica a essência do movimento geográfico da história.

Vidal de La Blache e Sorre se encontram com Brunhes e George nesse ponto. Vidal é reiterativo no sentido contingente da configuração espacial, justamente dado o caráter de relação de contingência do homem em sua relação com o meio. E Sorre é incisivo no aspecto reticular do arranjo da relação espacial do homem e dos fenômenos do meio, insistindo na necessidade de se ver os fenômenos e o homem por suas relações em cadeia, observando que ao se visualizar essas relações no plano das conexões espaciais espaço e meio se imbricam no todo organizado da complexidade. Para Sorre, o espaço já nasce, assim, como um sistema espacial (um geossistema?) e já encarado na globalidade das integrações reais tais como existentes na superfície terrestre, e o meio ambiente, em contrapartida, já nasce como um meio geográfico, todos os clássicos se encontrando nessa formulação sorreana, Tricart particularmente, entre si e com o longo arco que de Hartshorne e Hettner se estende à tradição seminal de Ritter e Humboldt em sua proposição de uma visão holista na Geografia.

A determinação locacional é decorrência do fato de o trabalho ter de ser necessariamente um processo localizado num ponto definido da superfície terrestre. E só a partir daí poder ganhar uma escala de extensão maior através da divisão territorial da produção e das trocas. A técnica é o motor de propulsão seja do trabalho, seja da sua abrangência de escala. E a divisão territorial do trabalho e das trocas é a estrutura-suporte sobre a qual a ação humana pode galgar níveis de escala crescente de abrangência e assim nivelar a relação sociedade-natureza numa escala de relação sociedade-espaço de amplitudes que hoje atingem o âmbito planetário, como já em sua época o percebera Sorre, e George toma para si como banalidade teórica.

É George quem melhor expressa entre os clássicos a compreensão teórica desse movimento. Faz do desenvolvimento das relações e forças produtivas e seus entrelaçamentos com a produção do espaço na história a base de sua teoria, numa reiteração do papel da técnica a que acrescenta o das instituições. Consorcia arranjo espacial e divisão territorial do trabalho e das trocas. Mostra como as configurações do arranjo, de que Brunhes e Sorre derivam o conceito do *habitat*, evoluem de uma fase de relação local para a de uma relação global, acompanhando a progressão escalar da divisão territorial do trabalho e das trocas industriais. E detalha o deslocamento que o espraiamento escalar desse arranjo provoca na escala da relação sociedade-natureza até a abrangência planetária já anunciada por Sorre.

A transformação da natureza em modos e meios de vida se faz de modo desigual e diferenciado na superfície terrestre, segundo sejam os elementos da natureza e o nível das forças produtivas e na conformidade institucional do que permitem as relações de produção, que, na melhor tradição marxista, George vê como instância de regulação e freio. Isso determina o estágio e a forma de organização e assim o modo de existência espacial do homem no planeta.

George é o pensador do espaço da era da indústria, assim como Vidal o foi da era dos gêneros de vida. A atividade industrial é vista por ele como o divisor de águas das formas de organização geográfica das sociedades na história, separando-as antes de mais nada em sociedades de espaço organizado e não organizado. As relações e forças de produção industrial são vistas em sua relação com a geração e organização do espaço do mesmo modo como Vidal vira para o gênero de vida. George, no entanto, compreende um e outro como dois momentos distintos de evolução da relação sociedade-espaço no tempo. Distinção visível pela diferença radical dos seus arranjos.

A indústria é o elemento dinâmico que nos tempos modernos responde pelas formas da organização espacial das sociedades, reestrutura e refaz as formas de arranjo passadas e dá o tom do arranjo da nova configuração. A divisão territorial do trabalho e das trocas traça o esqueleto desse arranjo, determina seu conteúdo e direciona seus movimentos futuros. Por conta dessa determinação, o espaço se fragmenta ao tempo que se integra numa interdependência em especializações, assim nascendo na história a divisão e organização do espaço moderno em campo e cidade, cidade e região, a arrumação reticular das relações econômicas e o papel totalizador do Estado. Ao avançar sobre os espaços pretéritos, essa forma de organização do espaço leva a especialização e as trocas a substituir as velhas, dissolvendo as relações pré-industriais na teia da circulação e das trocas modernas, numa integração crescente dos espaços sob uma mesma forma de organização. As relações de produção dão origem à criação do espaço e as relações de circulação, à sua organização global. O espaço é produzido pela esfera da produção e organizado pela esfera da circulação, o todo espacial refletindo em sua dinâmica evolutiva a progressão da interação e do nível de desenvolvimento dessas duas esferas. A fábrica, a estrada e a cidade atuam como os entes geográficos de essência das sociedades modernas. É assim que se dá a passagem das sociedades dos gêneros de vida para as sociedades de gênero urbano-industrial modernas em proveito de relações cada vez mais globais. E o avanço da cidade e do urbano sobre o campo e o rural que compunham respectivamente os termos do arranjo e da cultura espaciais passados. O que faz de George, na esteira dos estudos de Max Sorre, o precursor da atual teoria da globalização ("Do espaço especializado ao espaço globalizado" é o título do capítulo III, da terceira parte de *A ação do homem*). E, na nítida ressonância da teoria da história de Marx nesse olhar da dinâmica temporal do espaço, igualmente o precursor da economia política do espaço que desponta na Geografia nos anos 1970.

É o diferente modo de evolução dessa progressão da relação sociedade-espaço na história que está na origem do quadro desigual de modos de subsistência da humanidade no mundo, a geografia econômica se transmutando numa geografia social com forte tonalidade ontológica, a leitura econômica clarificando sua razão e sentido na leitura das formas sociais de vida dos homens no conjunto dos recortes de espaço da superfície terrestre. O freio das relações de produção é o elemento seminal do desenvolvimento desigual. As nações que se industrializam se tornam países desenvolvidos. As que se mantêm na fase pré-industrial (melhor diríamos, pré-fabril) se subdesenvolvem. A determinante planetária é a origem colonial das últimas.

George é consciente dos efeitos da marcha da industrialização sobre o todo dos espaços do planeta. Ao lado do desenvolvimento desigual perfila o ultrapassamento técnico radical das regionalizações naturais da superfície terrestre numa forma de relação sociedade-natureza de escala planetária que traria para a natureza o efeito correlato das condições de vida do homem.

O homem é o meio

A relação sociedade-natureza se transforma na relação sociedade-espaço porque a localização é um já dado implícito. A técnica é a mediação. Mas é o homem organizado em sociedade o elo da travessia.

Tricart diz isso quando inclui o homem entre os seres vivos em sua relação de transformação do meio físico em meio geográfico. Reclus, no conceito do homem como natureza autoconsciente. Brunhes, quando introduz o fator psico-histórico do trabalho no processo construtivo-destrutivo do espaço. Vidal de La Blache, no papel da contingência. E George, no balanço da subexistência.

O *modus operandi* também centra-se no homem, mas já indica a história controversa da sua relação de sujeito com o meio e a técnica. O momento seminal da "área-laboratório", de Vidal, é talvez quando mais se mostra essa centralidade da transfiguração dos eixos no homem. É o momento em que ele está posto diante da natureza apenas com os recursos dele mesmo como ser natural. A acumulação da experiência da lida intranatural é que origina a técnica. E como um ato de criação da cultura. Por isto Sorre concebe a técnica como um complexo técnico-cultural. Vidal a vê como um dado orgânico do gênero de vida, numa concepção do metabolismo que é superior à de mediação que a tradição geográfica vai compor depois. O homem está sempre por detrás da técnica.

A experiência da "área anfíbia" vai representar um momento de início de dissociação. O homem traz para os vales dos grandes rios uma forma de técnica já sincrética de meios. A domesticação vem enriquecida na aclimatação, indicando o movimento de troca-troca de "áreas-laboratórios" que o homem deve fazer num período ainda seminal. A técnica segue sendo orgânica ao meio, mas também ela incorpora as pequenas mudanças que a troca dos espaços vividos traz para a domesticação. E já apresenta os dados do desligamento que vai se acentuar no implemento das "áreas anfíbias". Mas a sedimentação da grande civilização que advém dos assentamentos humanos nesses meios oblitera esse início de autonomização da técnica que aumenta a dependência que o homem aos poucos vai ter dela, dando origem ao fetichismo e mito do poder intrínseco da técnica.

É, entretanto, com a sociedade moderna que técnica e homem se dissociam e mesmo se separam, nascendo o mito e o fetichismo que hoje conhecemos. Dois elementos estão na origem disso: a dilatação do âmbito das interações espaciais e a instituição da propriedade privada capitalista.

A interação espacial é uma relação presente nos intercâmbios do passado. As experiências e os produtos e técnicas que as materializam no âmbito dos gêneros de vida são intercambiados pelos grupos humanos. E este intercâmbio se torna intenso dentro e entre as civilizações, tão maior quanto maior for o espraiamento dos meios de circulação e as diferenças entre os tipos de meio naturais e os gêneros e modos de vida de suas comunidades. As trocas são uma permanente nos contatos das florestas, savanas e desertos ou das cordilheiras com as planícies, onde não raro surgem as cidades e a rede da circulação fica mais densa. A dilatação das relações mercantis, para lá das práticas primárias de intercâmbio, intensifica essas interações entre lugares. E é o nascimento do mercado capitalista que as vai acelerando, até trazê-las à escala de abrangência de todos os lugares do planeta.

A instituição da propriedade privada capitalista é um segundo elemento. E que o tempo torna mais poderoso. Se a interação espacial retira a técnica da relação com o meio, a propriedade privada burguesa retira-a da relação com os homens. O fetiche sai justamente dessa relação, a relação da propriedade privada ideologizando uma potencialidade da técnica que na realidade não é sua. A apropriação privada da técnica junto aos meios de produção, que suprime seu elo orgânico com os homens no ambiente do trabalho e da sociabilidade mais ampla, carrega consigo uma potencialidade que é do homem. A técnica materializa as forças e experiências corpóreas do homem na sua lida com os ambientes. E encarna a vida que lhe é transferida pelo trabalho morto. A ideologia vai de encontro a isso. É quando os efeitos das interações espaciais são mobilizados nas condições societárias do capitalismo a realizar seu papel moderno, intervindo na constituição do esquecimento. A divisão técnica, social e territorial do trabalho sob as quais as interações espaciais são institucionalizadas na organização do espaço capitalista é levada a consolidar a alienação da potencialidade humana que a ideologia vai encarnar como potencialidade da técnica.

Uma terceira componente deve ser acrescentada nessa análise: a dessacralização que leva ao desencantamento do mundo. A relação orgânica que o homem tem com os elementos naturais do seu entorno nas "áreas-laboratórios" o põe numa relação de identidade com a natureza que faz todos os mistérios da vida também nesse nível se confundirem. A técnica, a essa altura já existente, capaz de apenas transformar matérias provindas das plantas e animais, dúteis e à altura do poder de trituração dos artefatos técnicos, põe o homem em relação com a esfera orgânico-viva da natureza, em que o próprio homem se vê inserido. O fenômeno do nascimento, crescimento e fenecimento, em suma, todo o encantamento da vida e da morte que acontece com ele, ele vê acontecer com os elementos (plantas e animais) da natureza com que convive. O nascimento da técnica e seu desenvolvimento, expressando o surgimento da razão na relação com o meio, inicia um começo de dessacralização da natureza, que o crescimento das interações espaciais, os intercâmbios de conhecimento e a própria continuidade do desenvolvimento da técnica vão transformar numa relação mediada e desencantada pela ciência. O ato cabal vem com o nascimento da ciência moderna, a redução ao inorgânico que ela impõe ao conceito da natureza e o mito do poder de progresso da técnica. Isto é, a "espiritualização do universo" que é observada por Sorre. E que o olhar da dessacralização/desencantamento poderia interpretar ao contrário.

A noção autopoiética do trabalho vem na oposição a este conjunto de institucionalizações. Repõe a técnica no plano genético da relação orgânica. E restabelece o primado do homem.

Vê-se esse "reencantamento" na relação de contingência de Vidal, de autoconsciência do homem-natureza de Reclus, da psico-historicidade do espaço de Brunhes, da complexidade de Sorre, da existência de George, da morfogênese de Tricart, da constituição da diferença de Hartshorne.

O metabolismo do trabalho é a um só tempo relação ambiental e espacial, o movimento que contém em si a reciprocidade das transfigurações do meio ambiente e do espaço um no outro, a dialética desse movimento como essência-conteúdo da historicidade.

Mas o metabolismo é tudo isso porque é, antes de mais nada, hominização do homem pelo próprio homem por intermédio do trabalho. E não há hominização do homem fora da relação homem-meio. Até porque é hominização a relação homem-meio. Todavia, a hominização é a história. E isso quer dizer a relação homem-meio como processualidade da relação concreta. É onde a tríade meio-homem-espaço entra. Marx já a compreendera no texto-rascunho de 1844. É no *Manuscritos econômico-filosóficos* o lugar em que ambiental e espacial como dimensões do homem são um só movimento metabólico que talvez mais claramente apareça na literatura contemporânea à Geografia moderna. Não bastasse Marx ser filho da reação romântica (não do Iluminismo, como a crítica decidiu para ele), via Hegel e Feuerbach.

A economia política do espaço é o fio que leva o metabolismo à concretude da historicidade. A relação sociedade-natureza a metamorfosear-se na relação sociedade-espaço, e a relação sociedade-espaço a metamorfosear-se na relação sociedade-natureza numa reciprocidade de alimentação contínua. O plano que faz a relação sociedade-espaço dar forma de historicidade à relação sociedade-natureza, para dizer em outros termos. E a integração inteira a afirmar ou embaralhar a ontologia.

Brunhes já advertira para a radical diferença da hominização no nomadismo e na "devastação caracterizada" da economia política do espaço capitalista. O metabolismo do nomadismo guarda ainda a autoconsciência que Reclus reclama como direito e condição humana de um homem efetivamente autopoiético em sua relação com/no mundo, que o metabolismo já nega na "devastação caracterizada" para o homem, para o mundo, para a natureza, para a história. Emperram-na as categorias capitalistas da arrumação do espaço.

O que aprendemos através dos clássicos

Um século de ideias se soma de Reclus-Vidal a George-Tricart. Entretanto, à exceção do esforço teórico de Hartshorne, pouco de sistematização de grande fôlego foi feito delas pelos estudiosos do pensamento geográfico. E nesse terreno fez-se mais estudos de história do pensamento que de epistemologia. Pode-se mesmo dizer que tem sido esse o pecado capital que pôs a Geografia num estado de prestígio intelectual pobre, sobretudo se comparada às ciências congêneres, nas quais estudos de história e crítica epistemológica são correntes, num evidente contraste com a riqueza discursiva de seus formuladores.

Esse paradoxo chama a atenção principalmente quando comparamos tal negligência com o temário, pode-se dizer, eminentemente geográfico, que tomou conta da crise e mudança de paradigmas que domina a paisagem intelectual e técnica do presente.

Devíamos ter dado atenção a Brunhes quando este falou da superfície terrestre como uma síntese dialética de oposição entre as forças loucas do Sol e as forças sábias da Terra, materializando na Geografia o embate entre gravidade e energia (dinâmica *versus* termodinâmica) que tomou conta do pensamento científico desde o advento da segunda lei da termodinâmica em 1850, e que só extrapolará o mundo dos físicos com as descobertas quânticas dos anos 1920-1930. Ou a Reclus, quando este anunciou a função histórica das lutas comunitárias em defesa da sociabilidade coletiva como modo de vida do desejo humano destruído pelo advento do capitalismo, e que hoje ganha o pensamento social nos embates de territorialidade. E talvez estivéssemos em condição de entender a importância das ideias de contingência na história de Vidal de La Blache, da relação ambiental como destruição-construção do espaço de Jean Brunhes, da complexidade e sociabilidade de Max Sorre, do fundamento antropo e morfogenético do meio ambiente de Tricart, do espaço como o histórico-produzido pelos homens em sociedade de George ou da diferenciação como movimento de constituição da diferença de Hartshorne-Hettner, que hoje fazem o pensamento avançado de Rosa Luxemburgo, Edgar Morin, Ilya Prigogine, Michel Foucault, Jules Deleuze, Jacques Derrida, de Georg Lukács, e assim estar na linha de frente do diálogo das ciências e dos saberes que a busca da reformulação do pensamento paradigmático da modernidade reclama.

No entretanto, na contramão dos outros campos acadêmicos, dispensamos o estudo percuciente e constante dos fundamentos geográficos do mundo real do homem anos a fio formulados pelos clássicos, analisando e sistematizando com a paciência de um monge toda a riqueza do pensamento acumulado. E deixamos, assim, a Geografia sem rumo e sem alma, sem fôlego discursivo e sem vida própria para cair sistematicamente na dependência e cópia dos pensamentos mais prestigiosos e estruturados (sem que mesmo nos indaguemos e procuremos saber o porquê) dos saberes que não tiveram a preguiça modista de fazer o dever de casa. Mais que isso, nos deixamos ficar com o sabor amargo de ver que copiamos teorias e ideias nascidas na Geografia e depois apareceram e granjearam prestígio, força conceitual e personalidade discursiva nos campos que acabamos correndo para tomar, em razão disso mesmo e não por acaso, como referência de nossas teorias e ideias. Sabemos a origem disso no modo do mimetismo de fronteira com que nasce a Geografia na fase positivista da ciência moderna (Moreira, 2006).

Nesse transe, o geógrafo vira um pensador flutuante consoante a conjuntura das teorias e ideias vizinhas e de cada momento, realizando o esforço de acompanhar o teórico geral que costure e case o pensamento conjuntural com o fundo da visão comum de mundo construída nos séculos XVII-XVIII como fundamento do pensamento moderno num horizonte mínimo de coerência.

Por esse paradigma, o mundo foi reduzido a um complexo calculável e preditivo de forças e estruturas permanentes e constantes que o pensador apenas espera que a indagação científica ratifique e confirme. Criado para pensar a natureza já reduzida adredemente aos próprios fundamentos do paradigma, o parâmetro é depois estendido ao pensar o homem, numa história de idas e vindas que arrasta o pensamento num processo de corta e cola – assim lhe parece a sucessão que se desdobra do pensamento iluminista ao chamado pós-moderno de hoje e do pensamento científico da contestação termodinâmica à ordem gravitacional de Newton, ao relativista de Einstein e desordem quântica de Heisenberg, com direto impacto na ideia de natureza, de história e de homem com que por formação acadêmica está acostumado – até que o conflito dinâmico-termodinâmico tudo questiona e remonta.

Preso a esse paradigma e longe de isso perceber, o geógrafo repete-o e o acompanha com enorme dificuldade por não ter mantido desde a segunda metade do século XIX um chão próprio sob os próprios pés, embora Humboldt seja um dos fundos do paradigma para onde a visão nova de mundo tendencialmente aponta.

Acostumado, porém, a indagar o mundo que o cerca a partir da própria experiência sensível da paisagem que lhe serve de leitura e referência, onde tudo sugere um todo articulado como mundo do homem, o geógrafo sabe que o mundo real não é o do paradigma de pensamento dominante. Preso a essa cultura parametrada num discurso de racionalidade científico-técnica e ao mesmo tempo a essa categoria do olhar sensível por excelência que é a paisagem, aqui e ali ensaia uma explicação diferente, mesmo que no geral não rompa com a cadeia do condicionamento cultural hegemônico, e daí nascem as exceções das matrizes, como no exemplo dos clássicos.

Tímido no geral em sua crítica, que por temor do ridículo proclama à boca pequena, deixa de ser audível em sua voz própria, e, quando fala, ninguém, até por hábito, dá ouvido. Assim, passa como alguém que intui – nossos maiores geógrafos são intelectuais intuitivos – aquilo que, quando dito pela boca de outro, ressoa como uma enorme renovação da verdade, capaz de uma reformulação e mesmo ruptura com a cultura do pensamento dominante, restando-lhe apenas repetir e dar eco a sua voz, que, entretanto, não mais reconhece como sua, porque dita não por sua boca, mas pela dos outros de mais prestígio. Daí não atentar para a originalidade dos seus próprios clássicos, numa cadeia de alienação intelectual que se faz perpétua.

BIBLIOGRAFIA

ANDRADE, Manuel Correa. Atualidade do pensamento de Elisée Reclus. In: ______. *Elisée Reclus*. São Paulo: Ática, 1985.

______. *Geografia*. Ciência da sociedade. Uma introdução à análise do pensamento geográfico. São Paulo: Atlas, 1987.

BRUNHES, Jean. *Geografia humana*. Rio de Janeiro: Fundo de Cultura, 1962.

BUTTIMER, Anne. *Sociedad y médio en la tradición geográfica francesa*. Barcelona: Oikos-Tau, 1980.

CASSETI, Valter. *Ambiente e apropriação do relevo*. São Paulo: Contexto, 1991.

CHRISTOFOLETTI, Antonio. *Geomorfologia*. São Paulo: Edgard Blücher/Edusp, 1974.

CLAVAL, Paul. *Evolución de la Geografia Humana*. Barcelona: Oiko-Tau, 1974.

COSTA, Wanderley Messias. *Geografia política e geopolítica*. São Paulo: Edusp/Hucitec, 1992.

FOUCAULT, Michel. *As palavras e as coisas*: uma arqueologia das ciências humanas. São Paulo: Martins Fontes, 1985.

______. *A arqueologia do saber*. Rio de Janeiro: Forense Universitária, 1986.

FEBVRE, Lucien. *A Terra e a evolução humana*. Lisboa: Cosmos, 1954.

GEORGE, Pierre. *A ação do homem*. São Paulo: Difel/Difusão, 1968.

______. *Sociologia e geografia*. Rio de Janeiro: Companhia Editora Forense, 1969.

______. *A era das técnicas*: construção ou destruição? S/n, 1970.

______. *La era de las técnicas*: construcciones o destrucciones? Caracas: Monte Avila, 1989.

______. *O homem na terra*: a geografia em ação. Lisboa: Edições 70, 1989.

GIBLIN, Beatrice. Elisée Reclus. In: ______. *El hombre y la tierra*. México: Fondo de Cultura Económica, 1986.

GOMES, Paulo César da Costa. *Geografia e modernidade*. Rio de Janeiro: Bertrand Brasil, 1996.

GREGORY, K. J. *A natureza da geografia física*. Rio de Janeiro: Bertrand Brasil, 1992.

HARTSHORNE, Richard. *Propósitos e natureza da geografia*. São Paulo: Hucitec/Edusp, 1978.

HARVEY, David. *Condição pós-moderna*: uma pesquisa sobre as origens da mudança cultural. São Paulo: Loyola, 1992.

JOHNSTON, R. J. *Geografia e geógrafos*: a geografia humana anglo-americana desde 1945. São Paulo: Difel, 1986.

KUJAWSKI, Gilberto de Mello. *A crise do século XX*. São Paulo: Ática, 1988.

LACOSTE, Yves. A geografia. In: LACOSTE, Yves et al. *A filosofia das ciências sociais*: história da filosofia, ideias, doutrinas. Rio de Janeiro: Zahar, 1974, v. 7.

MARTONNE, Emanuel de. *Tratado de geografia física*. Lisboa: Cosmos, 1953.

______. *Princípios da geografia humana*. Lisboa: Cosmos, 1954. [ver cap. 4.2., p. 4].

MEGALE, Januário Francisco. *Geografia e sociologia em Max Sorre*. São Paulo: IEP, 1983.

______. A geografia torna-se uma ciência social. In: ______. *Max Sorre*. São Paulo: Ática, 1984.

MENDOZA, Josefina Gomes; JIMÉNEZ, Julio Muñoz; CANTERO, Nicolas Ortega. *El pensamiento geográfico*. Madrid: Alianza Editorial, 1982.

MEYNIER, André. *Histoire de la pensée géographique en France (1872-1969)*. Paris: Presses Universitaires de France, 1969.

MORAES, Antonio Carlos Robert. *Geografia, pequena história crítica*. São Paulo: Hucitec, 1981.

______. *A gênese da geografia moderna*. São Paulo: Hucitec/Edusp, 1989.

MOREIRA, Ruy. *O que é geografia*. São Paulo: Brasilense, 1980 (Coleção Primeiros Passos, n. 48).

______. Os períodos técnicos e os paradigmas do espaço do trabalho. In: *Ciência Geográfica*, Bauru, n. 16, ano VI, 2000.

______. *Para onde vai o pensamento geográfico?* São Paulo: Contexto, 2006.

______. A renovação da geografia brasileira no período 1978-1988. In: ______. *Pensar e ser em geografia*. São Paulo: Contexto, 2007.

______. *Pensar e ser em geografia*. São Paulo: Contexto, 2007.

PRIGOGINE, Ilya; STENGERS, Isabelle. *A nova aliança*. Brasília: UnB, 1984.

RECLUS, Elisée. *El hombre y la tierra*. Barcelona: Casa Editorial Maucci, 1905-1908 (6 volumes).

RIFKIN, Jeremy. *O século da biotecnologia*: a valorização dos genes e a reconstrução do mundo. São Paulo: Makron Books, 1999.

SAMPAIO, Mônica. A implantação da geografia universitária no Rio de Janeiro. *GEOgraphia*, Niterói, n. 3, ano 3, 2000.

SANTOS, Douglas. *A reinvenção do espaço*: diálogos em torno da construção do significado de uma categoria. São Paulo: Unesp, 2002.

SNOW, C. P. *As duas culturas e uma segunda leitura*. São Paulo: Edusp, 1995.

SODRÉ, Nelson Werneck. *Introdução à geografia*: geografia e ideologia. Rio de Janeiro: Vozes, 1976.

SORRE, Max. *El hombre en la tierra*. Madrid: Labor, 1961.

______. A noção de gênero de vida e sua evolução. In: MEGALE, Januário Francisco. *Max Sorre*. São Paulo: Ática, 1984.

TRICART, Jean. *A Terra planeta vivo*. Lisboa: Presença, 1978.

TOURAINE, Alain. *Crítica da modernidade*. Petrópolis: Vozes, 1994.

______. *Um novo paradigma*: para compreender o mundo de hoje. Petrópolis: Vozes, 2006.

VIDAL DE LA BLACHE, Paul. *Princípios de geografia humana*. Lisboa: Cosmos, 1954.

O AUTOR

Ruy Moreira
Professor associado 2 do Departamento de Geografia da Universidade Federal Fluminense (UFF), onde leciona e orienta pesquisas nos cursos de graduação e pós-graduação (mestrado e doutorado) em Geografia e coordena o Núcleo de Estudos de Reestruturação do Espaço e do Trabalho (NERET). É mestre em Geografia pela Universidade Federal do Rio de Janeiro (UFRJ) e doutor em Geografia Humana pela Universidade de São Paulo (USP). Autor de diversos artigos e livros na área, publicou pela Editora Contexto *Para onde vai o pensamento geográfico?* e *Pensar e ser em geografia*.